U0322471

文玩核桃

鉴定与选购
从新手到行家

核桃表妹
陈红云 · 编著

文化发展出版社
Cultural Development Press

· 北京 ·

本书要点速查导读

前言

　　文玩核桃，又称"手疗核桃"，古时雅称"掌珠"；民间又称"揉手核桃"。最早起源于汉隋，流行于唐宋，盛行于明清。在两千多年的历史长河中盛传不衰，形成举世独有的中国文玩核桃文化。古往今来，上至帝王将相，才子佳人，下至官宦小吏，平民百姓，无不为有一对玲珑剔透、光亮如鉴的核桃而自豪。

　　近年来，由于玩家们的狂热追捧，文玩核桃市场越发火爆。很多初入门的文玩核桃收藏爱好者面对市场上从几十元、几百元到成千上万元的形形色色的文玩核桃，由于不懂品种、不会辨别优劣、不会辨别真假，更不懂其中的价格差异，以及选购、配对等，而无从下手。

　　由于这十几年来，我一直从事文玩核桃的选购、收藏、鉴赏研究，也一直致力于文玩核桃文化的传播，也曾想过要出版一本关于文玩核桃鉴定选购方面的图书。正巧，文化发展出版社的编辑看到我在北京电视台《理财》栏目做了几期关于文玩核桃的节目之后，便找到我，想让我来写作本书，让广大收藏爱好者认识文玩核桃、了解文玩核桃的鉴别，并且帮助他们挑选到自己心仪的文玩核桃。于是，经过一年多的素材收集和写作，期间几次改稿、换图，最后才得以出版本书。

　　本书分为"基础入门""鉴定技巧""淘宝实战""专家答

疑"四个章节内容。"基础入门"章节主要介绍文玩核桃的历史、文化、生长环境、地域分布、品种分类，以及核雕工艺和作品；"鉴定技巧"章节主要介绍文玩核桃的鉴定、造假，以及如何配对；"淘宝实战"章节主要介绍目前的文玩核桃市场情况，如何盘玩、收藏、保养文玩核桃和核雕作品；"专家答疑"章节收集了收藏爱好者最关注、最困惑的问题进行解答。全书内容由浅入深、循序渐进，让文玩收藏爱好者跟随着专家轻松进入文玩核桃收藏鉴赏的殿堂，并一步一步由新手练成行家。

在此，我特别要感谢酷核居王天阳先生、核雕大师小火炉、辰午、木风、周桂新、若水以及方振杰先生，骊珠文玩杰作先生，他们为本书提供了很好的图片，丰富了这本书的内容。此外，还要感谢为这本书的出版付出了很大心血的编辑朋友！最后，也要感谢一直以来支持我的朋友们！

核桃表妹 陈红云
2015年9月25日

CONTENTS 目 录

基础入门

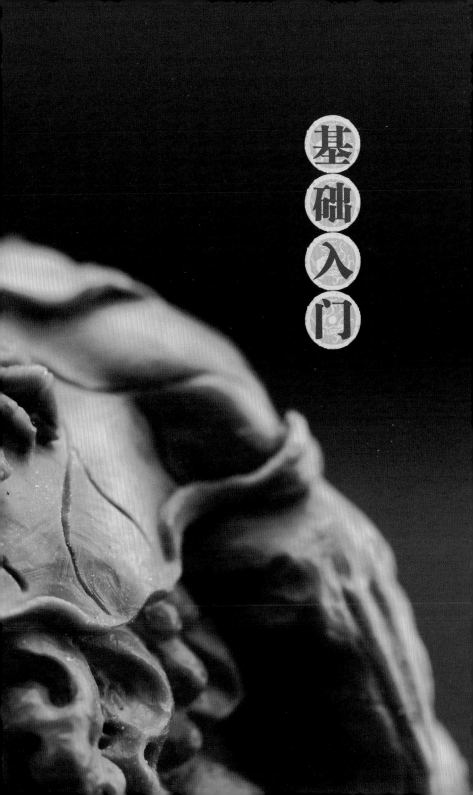

基础入门

文玩核桃的历史与文化

历史悠久的文玩核桃文化

　　核桃的历史悠久，最初核桃因其丰富的营养价值被人们食用和药用。古时就认定核桃是养生佳品。核桃的吃法众多，后世更赞其为长寿果。明代李时珍的《本草纲目》中曾提及核桃"补气养血，润燥化痰，益命门，利三焦，温肺润肠，治虚寒喘咳，腰脚重疼，心腹疝痛，血痢肠风"。随着时代的发展，人们发现有一些野山核桃个大，纹理优美，造型独特，非常适合把玩。经过了数千年的积淀，核桃也被赋予了特殊的文化价值，逐渐形成我们中华民族所特有的文玩核桃文化。

⊙ 老核桃

⊙ 老核桃四棱狮子头

在北京的早晨，经常看到很多晨练的老人手里把玩着一对核桃。这是我们中国独有的锻炼方式。文玩核桃个头小，便于随时随地把玩。随着时间的变化，文玩核桃不仅不会残破，反而会出现颜色、质地的变化，增加它的欣赏价值和文化价值，加上文玩核桃的价值跨度大，从几元到几万元都有，能够满足各个阶层的需要。因此，现在越来越多的人开始关注文玩核桃，开始喜欢文玩核桃。

　　随着生活水平和审美情趣的提高，人们开始把目光投向古玩的收集与收藏。文玩核桃不仅是一种健身器材，还是一件艺术品，它集把玩、健身、观赏于一身。文玩核桃甚至可以作为一种小的投资，在把玩中增值。古籍《核桃谱》中列举了最具代表性且历史久远的四大名核：狮子头、虎头、鸡心、公子帽，其他优良品种还有官帽、将军盔、僧帽、状元冠、罗汉头等。好的核桃皮质坚实，把玩时碰撞声脆若瓷，纹路分布疏密得宜，手感坠沉，有细润感。在核桃收藏中要找到匹配度高的核桃是非常难得的。两只核桃，须在品种色泽，尺寸大小，皱褶纹路，棱边走势形状，乃至洞眼、花纹的走向都要一致，具有高度吻合的肌理美。因此配成对的核桃在收藏界十分受欢迎。现在文玩核桃已经作为一个主要门类在经营了。

⊙ 野生狮子头老核桃（30～50年）

文玩核桃的历史渊源及发展历程

> 掌上旋日月，时光欲倒流。
>
> 周身气血涌，何年是白头？
>
> ——清 乾隆帝

老北京有句顺口溜："贝勒手里三样宝，扳指、核桃、笼中鸟。"这里的核桃指的就是文玩核桃。文玩核桃的把玩历史始于隋，兴于唐宋，盛于明清，在我国历史长河中形成了独特的文玩核桃把玩文化，其中以京津地区为最。

文玩核桃又称作"手疗核桃"，古时雅称"掌珠"，民间还有"揉核桃""团核桃""耍核桃"等多种叫法。俗语有"十指连心"，即手上的穴位丰富，且与周身的经络、脏器相通，中医认为通过适当的刺激，可以疏通经脉，促进血液循环。核桃不同于金银玉石，它冬不凉、夏不燥，在掌中把玩时，既达到健身的目的，又增加了趣味性。现存于江苏徐州的汉代画像石中的"戏丸图"证明这种"玩儿法"至少在汉朝时就已出现。

⊙ 老四棱正面

　　核桃真正广泛地被用作把玩是从明朝开始的，在最开始只是宫廷中的琴师锻炼并保持手指灵活性的辅助工具，不料经过长期摩挲把玩后发现核桃变得周身通红、包浆圆润、如玉如瓷，逐渐被其他宫人们喜爱，随即在宫中普及开来，成为养生的器具。后来，慢慢传入民间，随着把玩的人的增加，逐渐形成一种风气，一种文化。明朝的市井文化浓郁，这或许与明太祖朱元璋的草根出身有关，这样的出身背景推动了上流社会的世族文化与民俗文化的结合，总之，把玩核桃的风气迅速在明朝流行开来。把玩的人多了，就产生了攀比，人们开始追求核桃的纹理、大小、稀有程度、包浆润泽度、形状是否配对，而核桃表面纹理的错综复杂也促进了另外一种工艺的产生——核桃雕刻。明朝正是核雕鼎盛的时期，明朝的天启皇帝朱由校就是核桃不离

⊙ 百年闷尖三棱狮子头

手，而且他还自己雕刻核桃，并有"玩核桃遗忘国事，朱由校御案操刀"的野史流传至今。

清军入关后，朝廷为了奖励族中旗人开疆拓土的功勋，并防止他们滋事，给予旗人丰厚的田产，使其衣食无虞。定都北京之后，为了一些政治目的，清政府限制了旗人的一部分活动。于是当时的很多旗人便把大量的精力、时间和财富放在娱乐休闲上面。清朝的历代皇帝都尊崇汉文化，倡导旗人学习儒家经典，修身养性，摆脱了游牧民族的"野蛮"习气，但是有旗籍的男子并没有学习汉人的思想理论，而是把心思放在了汉人的玩乐上，于是文玩文化在清朝达到发展的最高潮。在当时，追求这些文玩用具已然成为一种时尚，于是很多文人雅士将目光转向有医用价值的文玩核桃，在读写之余把玩核桃，既缓解疲乏，又有休闲玩乐之意境，慢慢地，文玩核桃也成了文房摆设之一，被归到"四雅"。

清朝时期，上至帝王将相、才子佳人，下至官宦小吏、平民百姓，无不为有一对清凉如玉、玲珑剔透的核桃而自豪，一对好核桃更是成为当时身份和地位的象征。民间也有"文人玩核桃，武人转铁球，富人揣葫芦，闲人去遛狗"的说法。官员玩核桃之风最甚，商人或附庸风雅、或行贿纳贡，也进入了把玩核桃的行列。文玩核桃千金难求，京郊有几棵核桃树上的核桃更是成为御用贡品。每逢皇上或皇后的诞辰，官员们会挑选精致的核桃作为祝寿贡品，现在北京故宫博物院仍保存有十几对棕红色包浆的揉手核桃，分别放在精致的紫檀木盒里，内里标有"某贝勒恭进""某亲王预备"的字样。

清朝末期，文玩核桃的风气达到顶峰，当时有一首民谣，"核桃不离手，能活八十九，超过乾隆爷，阎王叫不走！"

⊙ 贝勒进贡的核桃

　　清末民初，战乱频仍，民不聊生，因此，很多文化都在这里中断，包括核桃在内的古董文玩。

　　新中国成立之初，各行业百废待兴，人们更关心的是那些有关民生的行业的发展。当时，人们关心的是怎样"吃得饱""穿得暖"，因此文玩核桃的文化在这时依然沉默。因为核桃文化的中断，使得人们疏于对核桃树的管理，很多名噪一时的核桃名树也慢慢被人遗忘，原来在河北罗汉山等地的八棵御用核桃树如今也已无处可寻，文玩核桃渐渐淡出人们的视野。

　　近年来，随着经济的发展，人们在物质上得到满足的同时，开始追求精神生活的满足，很多传统文化受到关注，很多消逝许久的文化门类重新出现在人们的日常生活当中，文玩核桃也在重新兴起。在北京城内，从龙潭湖鸟市到阜成门、老天桥、潘家园等地无一不在见证着文玩核桃的兴旺路程，如今越来越多的人开始喜欢文玩核桃。

⊙ 新下树的大官帽
55毫米

真正的"贵族"文化——文玩核桃

说起文玩核桃，我们不得不提起一个民族——满族。文玩核桃与旗人文化有着非常密切的联系，文玩核桃由来已久，其真正兴盛还是从八旗子弟开始的。我们现行的文玩核桃的文化大多表现的是清中后期到新中国成立之间的特点，现在我们所说的传统文玩核桃文化其实就是与满清旗人文化融合后的文化。

在清朝文玩核桃的流行与繁荣，跟清室康、雍、乾三朝皇帝的爱好与推动是分不开的，清乾隆皇帝不仅是鉴赏核桃的大家，还曾赋诗赞誉文玩核桃："掌上悬日月，时光欲倒流。周身血气旺，何年是白头？"爱新觉罗·溥仪在《我的前半生》中也曾谈及核桃一事，"在养心殿后面的库房里，我还发现了很多有趣的'百宝匣'，据说这是乾隆的玩物。""百宝匣用紫檀木制成，其中一个格子里装有几对棕红色核桃和一个雕着古代人物故事的核桃。"

晚清末期，满族人骁勇的野性荡然无存，漫长的富裕娴雅把他们身上最后一点草原血性抹掉后，他们便驯服地在繁缛礼节和声色犬马中消遣人生。从某种角度来说，是晚清旗人将文玩核桃的文化发展到极致，发展到顶峰。清末的贝勒爷、八旗子弟，常聚集在当时的"八旗一条街"，也就是现在的前门大栅栏一带，他们将全部的心思放在吃喝玩乐、如何展现自己的高高在

⊙ 故宫老核桃

⊙ 清 粗纹狮子头成对核桃

上。这些人不必担心自己的衣食住行，因为不用做事，闲得无聊，就在家研究怎么玩儿，怎么讲究。乃至在民国时期，梨园行、账房先生中把玩核桃者甚多。

很多人将文玩核桃视为京城旧有遗风，认为把玩核桃展现出来的是八旗子弟的纨绔形象。其实不然，"提笼、架鸟、揉核桃"玩的是一种心情，是一种雅趣，是一种爱好。文玩，既然是文，它就少了一分躁气，多了几分素雅，玩的就是这个劲儿。而且因为在把玩核桃的过程中投入很多时间去盘，核桃皮质颜色都会有变化，所以最不容易

失去新鲜感。更进一步说，在把玩核桃的过程中最需要的不是钱而是时间，所以核桃是最少铜臭的玩物。

　　文玩核桃盛行两千余年经久不衰，形成它自身特有的核桃文化。现在健身和收藏已不再是京津地区的专属，文玩核桃已在全国流行开来。如今八旗子弟已不复存在，文玩核桃从过去的贵族阶级中脱离出来，成了大众手中的把玩之物。

⊙ 野生狮子头老核桃（100年左右）

文玩核桃的收藏文化

文玩都是年代越久远越值钱，核桃也不例外，文玩核桃中核桃玩得越久就越是珍贵。

民间流传，玩核桃：冬出光，夏着色，天冷揉核桃出亮光，天热揉核桃爱上色。要想揉出一对好核桃实属不易，要付出一定的心血和时间，有句俗话："要想核桃好品相，三冬两夏才出样"。由此可以看出，玩核桃其实就是通过时间来完成对核桃塑造的一个过程。

近几年，在北京，"老核桃"价格一路飙升，把玩十年以上的单只老核桃价格都过了4000元。若是清代的老核桃价格就得上十万了。

过去的人对文玩核桃没有那么讲究，核桃武盘居多，所以一般流传至今的老核桃大多纹路不清晰，底座和尖往往是最先被磨平，纹路里比较脏。玩过老核桃的人都知道，老核桃上手感觉轻飘飘的，而

现在市场里仿制的老核桃大都比较重，原因是把玩时间久，核桃仁风化了，核桃内里大部分是空腔。不过也有少量老核桃纹路比较清晰，一般这样的核桃是收藏时间久，真正上手把玩的时间较短，不过这样的核桃因品种品质较好，因此也叫作老核桃。

⊙ 三棱核桃

　　怎样才能看出核桃的年份，首先要看核桃的颜色，老核桃因为被把玩时间比较长，核桃表面会有包浆，一般揉上两三年，核桃就会产生包浆，颜色会变深呈

咖啡色，三五年以后，核桃就会变成枣红色，这时核桃的价格就会上升一个台阶。那些把玩超过五十年的核桃，表面温润，有玛瑙的质感。在老核桃中颜色越红的越好，那些红得透亮的核桃就是老核桃中的珍品。现在市面上很多伪造的老核桃，因其颜色多由色素致色，所以一般颜色比较假，不自然，因未经把玩，核桃的表面缺乏温润的质感。那些新核桃的颜色则是呈淡褐色，能够轻易地与老核桃区分。其次是听声音，老核桃盘起来感觉顺滑，碰撞有金石之音，把玩久了的核桃在耳边晃时会有沙沙的声音。

当然，也并不是所有的老核桃都有收藏的价值，像是楸子和铁核桃，即使把玩几十年也没有太大的升值空间，只有品种好的核桃才有收藏与把玩的价值。同品种的核桃个儿大、外形周正、不缺不残、皱褶纹路美的核桃，价值较高。

文玩核桃在古玩杂项收藏中也是一个重要的门类，在北京有专门的"文玩核桃市场"——十里河华声天桥市场、潘家园、官园、城南旧货市场等。现在，已经不仅仅是北京的人在玩核桃了。

⊙ 老核桃

　　随着两千多年文玩核桃的发展，越来越多的人意识到，核桃玩的并不是物，而是"志"。这个"志"，可以理解为"意志"，也可理解为"志向"。文玩核桃的把玩，是一个长时间的过程，在这个过程中，通过将核桃握于掌心，旋转摩擦，磨去的不光是核桃的棱角，也是心性的棱角。对于真正喜爱文玩核桃的人来说，拥有一对"看对眼"的核桃是一直的追求，也是一种信仰，数十年甚至更长时间的把玩，更是一种寄托。这就是文玩核桃的精髓所在。

⊙ 老核桃

⊙ 老三棱核桃

文玩核桃的生长、地域分布及品质

影响核桃成形的生长因素

核桃属于胡桃科目，落叶乔木，一般树高3～5米，雌雄同株异花，花期在4～5月，果实成熟期在8～9月。所结果实接近球状，直径3～5厘米，去除果实外皮，内果漂洗晾干就是核桃。核桃的品种很多，但大致分为能吃的绵核桃和不能吃的山核桃。现在人们把玩的大多是山核桃。

核桃在我国存在的历史悠久，据我国考古研究发现，在山东临朐县山旺村附近发现的核桃化石，证实早在两千五百万年前，我国已有核桃存在。但是《名医别录》中记载核桃出自羌胡，是由张骞出使西域时引进的植物品种，这种核桃外国传入说实属以讹传讹，但是因为这种说法，核桃在中国又有了"胡桃""羌桃"的别名。

好的核桃质地细腻坚硬，碰撞起来新核桃声音瓷实，比较沉。老核桃揉出来有玉石般的细腻。不好的核桃，没等盘出来，就坏了。核桃的质量决定了核桃的寿命和上色的好坏、快慢。核桃的生长受品种、年龄、营养状况、着生部位及立地条件的影响，因此产出的核桃质量各有不同。

⊙ 野生狮子头核桃树

27

品种不同，质量就不同。麻核桃属于较高档的品种，产自麻核桃品种中的高档核桃如狮子头、虎头、官帽、鸡心等，其观赏性强，升值快。历史上有"十楸一头，十铁一心"的说法，意思是，用十对楸子换不来一对狮子头，十对铁核桃难换一对鸡心。

产地不同，质量不同。我国是产核桃大国，核桃品种众多，很多地方出产核桃。因气候、土壤等的不同，各地出产的核桃也各不相同。同样的产地，因其每年的阳光、雨水不同，也会导致核桃的缺陷，例如阴皮，核桃在生长过程中，因当年雨水量过多，雨水渗入清果中，附在核上，影响了核桃的正常生长，导致颜色变深，有的阴皮甚至是深黑色的。这样的核桃盘再久，颜色也不会好，永远成不了"玩意儿"。

即使同一棵树上，没长熟的核桃，质量也是要差一些。向阳的核桃枝上的核桃一般个头比背阴处的要大。

核桃树营养状况的不同也会导致核桃质量不同。营养状况差，核桃的个头可能会小。营养过剩，可能会使核桃树枝生长旺盛，坐果差。

就收藏角度来说，真正的好核桃是那些老野生核桃。"核桃好，要从根看起"，真正的好核桃都长在土壤贫瘠的地方，好核桃都有股"邪性"，哪穷奔哪长，哪险奔哪长。老野生核桃大多长在山崖上，只有擅长爬山的山羊才能够找到这种老野生核桃树。真正喜爱核桃的人会说："不经历一些坎坷，又怎会知道核桃的好呢！""只有爬过多少山，蹚过多少水，才会真正知道老核桃好在哪！"

⊙ 野生狮子头核桃树

文玩核桃的地域分布及品质特点

在核桃收藏界有一种不成文的说法，"玩好的，藏少的，卖老的，避小的。"要想得到好的核桃，就要先懂得好核桃的特质。核桃在我国分布广泛，几乎全国各地都有出产核桃，但是符合文玩标准的核桃产地，主要还是华北、西北、东北及西南。其中，北京、河北、天津、山西等地的文玩核桃品质最为突出，也是传统优良品种的产地。这里的气候、环境也利于山核桃的种植生长。

河北、天津、山西和北京地区主要出产麻核桃，麻核桃纹路多变、皮质好、造型美，其个头、色泽、形状、质地已经达到很高的标准。由于野生麻核桃产量少，但是一直被人们喜爱，因此麻核桃属于野生核桃中最高档次的种类。由于野生树种的减少，品种好的麻核桃价格每年都在增加。《核桃谱》中所列举的品种大都是麻核桃。

楸子核桃多产于河北、东北等地，产量大。因其纹路不好、皮质差等缺点致使其价格较为低廉，是最大众化的核桃，多为寻常百姓所把玩。出于健身的目的，楸子核桃比较受老年人的喜欢。楸子核桃也有比较珍贵的异形核桃，如：双联体、三棱儿、四棱儿。

⊙ 官帽新树

⊙ 官帽新树

南方人多赏玩铁核桃，铁核桃出产于西南地区。其中文玩的老铁主要集中在四川、云南等地。产量大，所以价格也比较低。铁核桃因价格低，也不怕摔，所以比较适合刚刚接触核桃但又不太精通此道的朋友把玩。但是一些极具收藏价值的异形核桃多出于此，如：三棱、四棱、鹰嘴、三联瓣、蛇皮纹、铁元宝、牛肚、铁观音等。这些铁核桃大多数是生长在云南的原始森林里，纯净无污染，没有经过任何现代科技的加工改良。它们就像不争不抢的君子，始终保持本色，隐身于山林之中，任您尘世浮华。

⊙ 刚下树的青皮核桃

文玩核桃中的珍品当属狮子头，最好的狮子头产地当属北京。北京平谷因为其距离文玩核桃的主要城市北京、天津比较近，位于两个城市中间，核桃便于流通，因而成为核桃历史上的主要产地。最为著名的老树闷尖狮子头就产自这里，但是这棵核桃树已经死了，现今我们看到的很多百年以上的精品狮子头，大都产于这棵树。这里出产的狮子头一般都是闷尖、大肚、形状矮圆，纹路都是疙瘩纹，看起来比较厚实稳重、端庄大气。近些年，由于嫁接技术的发展，已经有嫁接品种的出现，但是在品相上还是缺乏老树的韵味，其外形也与老树上的核桃之间有一些区别。另外平谷的官帽也是很著名的，是传统上的外形标准，由于基本上是野生的，因此产量不高，个头也不大。门头沟主要以狮子头、虎头等为主，产量不高。门头沟的闷尖狮子头也已绝

⊙ 刚下树的青皮核桃

迹，与平谷闷尖不同，门头沟的闷尖狮子头，更具有诗意，颜色更红润漂亮，底座呈菊花纹路，脐部小，外形也非常矮。门头沟的人是最懂得文玩核桃价值的，山里的农民，几乎每个人都能头头是道地聊上几句。由于气候、土壤非常适宜种植核桃，从2008年起在门头沟便有大量的嫁接核桃。当地人对核桃价值的认知程度普遍较高，因此也导致嫁接核桃的看护成了很重要的问题。

⊙ 盘龙纹狮子头一对

44毫米

新下树狮子头，自然矮桩，盘龙纹，纹理清晰，分量打手，精品配对。

一张表教您辨认四大名核

比较项	狮子头	鸡心
形状/纹路	因其形状酷似旧市衙门口的石狮子而得名，核桃上的纹路犹如石狮子的鬃毛一般。其纹路网点结合，色泽橙黄。	形状像心脏，小如鸡心泽橙黄，凹凸明显，纹点状为主，较疏，纹理大
尖	较钝	较钝
底	底大而平，脐稍内凹	底小，脐稍微外凸
棱	棱较厚实、粗壮	边棱较薄

官帽	公子帽
形状酷似明朝官员上朝时所戴帽子而得名。色泽橙黄，纹路深。	因形似京剧中书生相公戴的帽子而得名。色泽橙黄，纹路较深。
稍尖	高而尖
底大而平，脐内凹	底不平，两边有耳朵
棱宽而平直	双棱较高

文玩核桃的品种分类

狮子头

狮子头核桃是文玩核桃中的精品之作，也是"四大名核"之一，也是文玩核桃最重要的一个系列。狮子头因核桃形状酷似旧市衙门口的石狮子而得名，核桃上的纹路犹如石狮子的鬃毛一般。狮子头是文玩核桃中的精品，其纹路网点结合，色泽橙黄，手感好，上浆快。大多数为双棱，有粗纹、细纹、高桩与矮桩之分。如果见到三棱或四棱的狮子头，更是难得的珍品。

四座楼狮子头

四座楼狮子头是以产地命名的一款狮子头，其产于北京平谷四座楼山的一座山谷中的一棵老核桃树上。如今，这棵老树早已被毁。四座楼是正宗的闷尖狮子头，外形周正、纹路清晰，看起来给人一种大气庄重、苍劲古朴之感。四座楼狮子头是狮子头中的精品，深受收藏者的喜爱。

⊙ 四座楼狮子头

老树南将石狮子头

老树南将石狮子头，产于河北涿鹿南将石村，以地名命名。其外形敦实饱满，纹路粗犷规整，核桃皮质好，厚而见坚硬，特别坠手（或者称打手）。从外观上来看，南将石狮子头大凹底，十字尖，厚边疙瘩纹，桩多为歪桩，质地坚硬细腻而深受广大玩家的推荐。尤其是最近些年，核农为追求产量增施肥料，核桃个头增大，产量增加，品相出众更为难得，所以价钱一路飙升，也造成了南将石"黄边""黄尖""大小边"等特点。此外，南将石村的这棵老树的异形果较多，如"窝头""一道茎""佛肚"等。

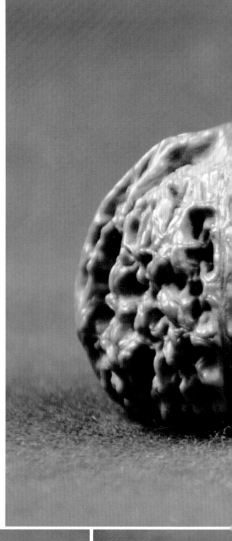

⊙ 老树嫁接南将石狮子头

⊙ 纯野生老树南将石狮子头

磨盘狮子头

　　磨盘狮子头也叫闷尖狮子头，是文玩核桃的珍贵品种之一，文玩核桃里最漂亮的就数磨盘狮子头。磨盘狮子头因其形状特点而得名，产于河北涞源，大多为两棱，形似磨盘，闷尖，棱粗而壮，小边厚实，纹路较浅，形状周正的比较少见。初上手容易上色，很受核桃爱好者的喜欢。

⊙ 磨盘狮子头

⊙ 磨盘狮子头

白狮子头

白狮子头以其皮色命名，产于河北涞水，是最近几年培育出的新品种。第一年嫁接时果实还未成熟，核农剥开皮后发现核桃是白色的，此后连续几年都是白色，故称其为白狮子头。五年以后，白狮子头也不白了，其桩特别矮，大厚尖，大平底，顶部十字尖，特别突出，端肩，厚边粗纹，分量重，上色特别快，一个星期就见色。白狮子头也是狮子头中的好品种，适合新入门的朋友把玩。

⊙ 白狮子头

满天星狮子头

满天星狮子头，是按其纹路命名的一种狮子头。因产于北京百花山风景区的一棵老树上，所以又名百花山核桃。其外形规整，纹路杂乱无章，核桃表面有很多小疙瘩，犹如夜空中的繁星一般。满天星把玩起来很容易上色，给玩家一种很好的成就感。因百花山的老树早已被毁，如今市面上所见的满天星狮子头是近些年嫁接出来的新品种，目前产量也比较多。

⊙ 满天星狮子头

⊙ 满天星狮子头

苹果园狮子头

苹果园狮子头产于北京门头沟王坪村附近的一棵老核桃树上。苹果园狮子头外形酷似苹果，外形端庄，肚大边薄，最大的特点就是脐部很圆，底部很平整，纹路很深，也很粗，皮质很好，见汗就会红，上色比较快，上色后有玛瑙般的质感，让玩家很有成就感。这棵老核桃树也已被毁，现在的苹果园狮子头是经过嫁接培育而来，是狮子头中非常有代表性的品种之一。

⊙ 苹果园狮子头

麒麟纹狮子头

麒麟纹狮子头，因其纹路酷似传说中麒麟身上的鳞片而得名。据史记载，清康熙年间，西藏使臣曾进贡麒麟纹狮子头给康熙皇帝，康熙见到后大为欢喜，并将这个品种赐为"御用"。此品种在市场上极为罕见，北京故宫博物院至今仍然珍藏着此品种的核桃。

⊙ **麒麟纹狮子头**

这对核桃配对不错，矮桩大底，个头丰满，外形端庄周正；闷尖、大肚、边宽而厚、大凹底、皮色漂亮；皮质坚硬，有分量，上色快！

⊙ 麒麟纹狮子头

老款狮子头

老款狮子头，是文玩核桃里历史最悠久的一种。外形端庄大气，桃肚饱满，桩相端正，桩矮厚边，尖小而钝，纹路深而舒展，底部硕大，皮质上手易红，把玩出来的颜色非常漂亮。老款狮子头数量极少，在市场中价格较高。

⊙ 野生老狮子头

鸡心

鸡心，此品种形似心脏，小如鸡心，故得名。如今市面上所见鸡心多为嫁接品种，野生鸡心数量极少，价值极高。鸡心主要分大、中、小三种，色泽橙黄，凹凸明显，纹路多为点状，结构致密，质地坚硬，是手疗核桃中的精品。尤其是个较大的核桃，是核雕的主要原料。曾有人如此赞赏鸡心之美："丽娴亦佳人，珠光欺宝玉。"

⊙ 鸡心

官帽

官帽，是文玩核桃中的一大系列，"四大名核"之一。因其形状酷似明朝官员上朝时所戴的帽子而得名。多为两棱，棱宽而平直，大气庄重。官帽核桃主要产于河北、天津、山西和北京的部分山区。由于野生核桃产量的稀少，加之官帽核桃在个头、形状、质地、颜色等各项指标都属于文玩核桃中的上品，古往今来，一直是人们争相追逐和收藏的对象。

⊙ 野生的大官帽

⊙ 官帽

公子帽

公子帽，也叫相公帽，是"四大名核"之一，因形似京剧中书生相公戴的帽子而得名。明清时期为达官贵人所垄断，一直是核桃中的精品。其形状低矮，双棱较高，色泽橙黄，上色快速。从侧面看，公子帽比较宽，边比其他的核桃要宽不少，一般来说，其宽度要比高度大。公子帽主要产于北京和河北两地，是手疗核桃中的佳品。

⊙ 公子帽

⊙ 连体核桃

异形

异形核桃，是指核桃在自然生长环境中外形发生异变。由于嫁接技术的出现，现今市面上有的异形核桃属于人为控制导致的变异种类，所以，在选购异形核桃时一定要格外注意，不要一味猎奇。价值相对较高的有连体、三棱、四棱、蛇头、犀牛和鹰嘴等种类。

⊙ 犀牛望月狮子头

⊙ 连体闷尖四座楼狮子头

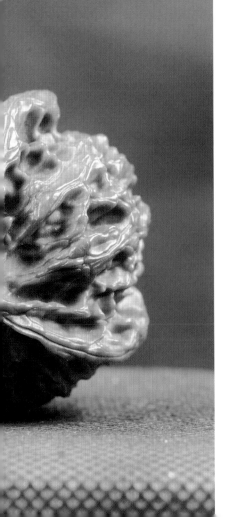

⊙ 苹果园三棱狮子头

⊙ 四棱狮子头

⊙ 三棱狮子头

⊙ 鹰嘴

楸子

楸子种类繁多，其品种有：枣核、窝头、火苗、鸭嘴、鸡嘴、鹰嘴、螃蟹爪、花生、黄瓜、茄子、丝瓜、判官笔、心脏、灯笼、小鸟、鸳鸯、塔尖、双棒、球连体、三连体、四连体、一道筋、佛肚、三棱、四棱、六棱、八棱、九棱、高庄、矮庄等，数九棱楸子极为罕见堪称珍品！

文玩核桃里大多数的畸形核桃产自楸子核桃，其名称均以形似而命名，下面介绍一些异形楸子核桃。

枣核

枣核，形状与枣核一样，两头尖，纹路有深有浅，有粗有细，一般枣核核桃均为练手核桃，产量很大，一般长约50毫米左右，长过70毫米的称精品，有很高的收藏价值。

⊙ 枣核

窝头

窝头，与吃的窝头型似，底凹，一般为浅纹，深纹路极少，水龙纹窝头称精品，包浆后，纹路霸气，犹如五爪金龙喷云吐雾，宽度一般在40毫米以下，无大果。

塔尖

塔尖，这种核桃肚子大，尖长，顶部犹如一玲珑宝塔，所以命名为塔尖，纹路霸气粗犷。

一般高度在55～65毫米之间，高于70毫米、肚宽在48毫米以上的为此中极品！

⊙ 窝头

⊙ 塔尖

柳叶

柳叶，形状细长，酷似柳叶，长度可达75毫米，近几年无大果，70毫米以上为收藏佳品。

⊙ 柳叶

双棒

双棒又叫连体、双胞胎，品相好的双棒很难找，一般都不是一棵树上的果实，都属于后配的对，双棒尖部连接处没有分开，根部连在一起的，纹路清晰的为佳品！

⊙ 双棒

核雕的技艺传承与精品鉴赏

▌核雕艺术的历史渊源

　　核雕是中国汉族传统雕刻艺术的一种，核雕是指以各种果核为载体，如核桃、橄榄核以及有一定硬度的其他果核，在其上施以无以伦比的微雕技艺所创作的艺术品。

　　核雕技艺自成一系，独具魅力。因为核桃表面纹路的限制，核雕艺人必须首先以丰富的想象力构思好，才能开始创作。与其他雕刻如玉雕、木雕、石雕、竹雕等相比而言，核雕出现的时间比较晚，大约出现在宋朝初期。明清时期，在其他雕刻技艺发展停滞的时候，作为微雕代表之一的核雕却是大行其道。

明代核雕

　　明代初期，核雕开始盛行。它与玉器一样，成为当时文人墨客和达官贵人身上的配饰，成为一种身份的象征。而在民间，核雕成为"辟邪"之物，佩于各类人士身上。此外，核雕也被制成串珠、扇坠等物供人们赏玩。

　　此时，核雕在中国江苏、广东、福建以及山东等地最为盛行，各种雕刻题材如"十八罗汉""八仙过海""关公""童子与寿星""观音菩萨"等传统题材受到世人的喜爱。与此同时，也造就了一批核雕民间艺人。如核雕代表作之一"东坡夜游赤壁"核舟，它是明代常熟人王毅（字叔远）所制作，它以小小的核桃为载体，其上雕有包括苏东坡在内的五个人物，小舟各种细节，惟妙惟肖，舱轩篷楫，什物俱全，极为传神。还有明代宣德年间的夏白眼，被誉为核雕"圣手"，他曾在一只小小的核桃上雕刻16个婴孩，每个孩童的眉毛、眼睛都极为传神，可从其中看出孩童的喜怒哀乐，此外，其上还刻有一朵荷花，荷花上有九只白鹭。明宣宗朱瞻基称其为"一代奇绝"。《清秘藏·遵生八笺》中曾记载："能于乌榄核上刻十六娃娃，每一娃娃仅米半粒大，而眉目喜怒悉具。或刻子母九螭，荷花九鹭，其蟠曲飞走之态，成于方寸小核。求之二百余年仅一人耳。"

此外，还有"八仙过海""凤戏牡丹""熊猫食竹""群猴嬉船""猛虎上山""双喜花篮""花鸟宝瓶"等题材。明代核雕艺人还有邱山、刑献之等人。

从总体上看，明代核雕造型古朴，人物注重整体造型而不追求细节刻画。从雕法技艺上看，明代核雕粗犷有力，线条分明，作品中往往留有些许刀痕。

王叔远的作品，后人只见得《核舟记》的优美文字，却无缘得见核舟是如何光景，幸得陈祖章、湛谷生的作品还可在博物馆一睹真容。

清代核雕

在追步明代王叔远的"东坡夜游赤壁"核舟的艺人中，就包括清代的陈祖章、湛谷生。展览于台北故宫博物院的那枚核舟《东坡夜游赤壁》，是陈祖章的传世之作。在舟长不及二寸的空间内，雕篷雕窗，人物除苏东坡外，有客人、客妇、艄公、书童等八人，人物神态自然、宁静、超逸，个个刻画精致，在放大镜下看光影迷离。另，广东省增城市博物馆保存有湛谷生所刻的一枚核舟，小舟为两层，可拾级而下，花船上有六个人物，十多件器皿，船底满刻着《赤壁赋》，船舱上有两扇可开合的小花窗，船舷边有九孔栏杆，船尾高挂着一盏风雨灯，同样精巧绝伦。

⊙ 清 陈祖章的 "东坡夜游赤壁" 橄榄核雕

高16毫米，长34毫米，纵14毫米

此作品为清代著名雕刻家陈祖章采用橄榄核微雕而成。舟上门窗具备，开合自如，舱篷上雕刻席纹，舟上桅杆直立，旁备绳索与帆，舱内桌案上杯盘狼藉。人物有苏东坡、客人、客妇、艄公、书童等八人，每人神情各异。舱中凭窗而坐的是苏东坡，头裹巾子，宽衣博袖，静静地看着窗外，似在品味山高月小、水落石出的景象，又似在耳听清风徐来、江流有声；艄公似不忍橹声打扰游客的清兴，故意摇慢以便让客人饱览水光月色。此舟雕刻技艺精致细腻，力求创造出一种诗的意境。舟底刻有苏东坡《后赤壁赋》全文三百余字，下有 "乾隆丁巳五月臣陈祖章制" 款，增加了作品的艺术含量，镌文楷体，俊朗挺秀，细密井然，堪称鬼斧神工。此核雕作品目前收藏于台北故宫博物院。

　　清代时，核雕不仅仅只作为装饰和点缀，逐渐成为人们的把玩之物，达官贵人更是把核雕作品置于博古架上欣赏。慢慢地，核雕成为一种集收藏、把玩、健身、欣赏于一体的工艺品。在这样的背景下，核雕艺人更是把自己的聪明才智和创造力充分地发挥出来，使得核雕技艺发展达到鼎盛时期，与此同时，核雕艺人更是名家辈出。

　　康熙年间，苏州核雕名家金老，只因其擅长核桃雕刻，但不知其名，加之其年岁已老，遂尊称其为金老。他最擅长的作品也是 "东坡

⊙ 清乾隆 核雕子孙万代鼻烟壶

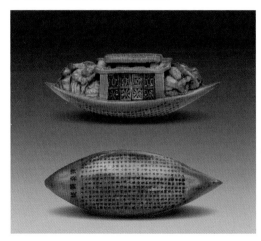

⊙ 清 湛谷生制"赤壁赋"核雕船

长40毫米，高30毫米

核舟与底座均以上好橄榄核精雕而成，船底以正楷刻《前赤壁赋》，且字字清晰有力。该作品运用镂刻和浮雕等表现技法，把橄榄核雕刻得十分精致，表现出的舱室、舱顶的花窗、瓦楞线条等均清晰流畅，其中有一扇花窗窗门为活窗，可自由开合，人物刻画面目清晰，逼真传神。整件作品充满诗情画意，引人入胜，其高超的技艺，更是令人叹为观止，堪称一绝。湛谷生，广东增城新塘乡人，清咸丰年间著名橄榄核雕艺人。他的作品十分精致，深受人们喜爱。今藏于广东省增城市博物馆。

夜游赤壁"核舟，但他的作品比王叔远更有创意：小舟舱门可以打开，打开舱门后，可看见舱内坐着苏东坡、佛印和尚和一吹箫的年轻人，栩栩如生，犹如鬼斧天工；船头上有一小童正在煮茶水，船尾有一老者斜着身子；其他有关小舟的必备物件更是精细。金老以其精妙的技艺，被人誉为"有刻棘镂尘之巧"。

此外，清代的核雕大师还有宋起凤、沈君玉、杜士元、丁念廷、高家俊、都渭南、张大眼、陈子和等人。从整体上看，清代核雕与明代相比，更加注重细节的刻画，线条流畅，雕工细腻，人物脸部刻画更为逼真，动物则注重动态表现。

近现代核雕

民国时期，各种核雕作品更是层出不穷，作为"殷派"创立人的苏州核雕大师殷根福在上海老城隍庙开设"永兴斋"，专营核雕作品的创作与销售，其创作的"十八罗汉头"更是成为深受核雕爱好者喜爱的名作。此后，他把核雕技艺传于儿子殷荣生、女儿殷雪芸、弟子须吟笙等人，殷根福被誉为当代苏州核雕的鼻祖。

现在的核雕技艺在继承前人精湛的传统技术之后，又加入了现代的气息和技法。以前的核雕作品内容多采用古代人物物饰，如今则加入了新时代的内容。如河北核雕大师杨洪武，用半年左右的时间，精心制作出的核舟"南湖红船"，把中国共产党的历史瞬间浓缩于小小的核桃之上，其上刻有12个人物，10扇窗户，4个船舱，2把壶，2个杯子，5本书籍文件，还有橹、炉子、链环各1个，此外还刻有128个文字，还有5人戴着眼镜，细致入微地表现出中国共产党的伟大创举，栩栩如生地刻画了党的一大代表。如今，这件作品藏于中国航海博物馆内。

随着时代的进步，现代的核雕品种更加丰富，按表现形式主要分为珠串式、坠件式和摆件三种。珠串多刻以十八罗汉、花鸟瑞兽等，坠件多刻以观音、侍女等，摆件则多为核舟，融各种技艺于一体，巧夺天工。按题材内容分，核雕又分为吉祥如意系列、民间故事系列、

⊙ 须吟笙雕刻的十八罗汉

须吟笙是苏工核雕殷派第二代传人，师从殷根福。殷派罗汉头橄榄核雕创始人。其雕刻以写实为主，脸部肌肉感很强，还原人脸真实特征丰富。须老作品刀法粗犷、简洁，尤其人物刻画得惟妙惟肖，寥寥数刀即可展现人物风采。

⊙ 杨洪武核舟雕刻精品南湖红船

核舟按照画舫形制雕刻，两侧有8扇小窗，可以自由开启。核舟写实雕刻了毛泽东、董
必武等11位参会人物和1位船工。船头上有毛泽东、何叔衡、董必武、李达等4位代表
正在阅读文件、讨论议题。打开小窗，船舱里有王烬美、邓恩铭、陈潭秋、李汉俊、
刘仁静、包惠僧。王会悟坐在船尾，负责警戒。核舟底部雕刻中国共产党一大纲领和
一大口号，共109字。此外，核舟还雕刻了小桌、小炉、茶杯、书籍等。画舫的舱壁雕
刻着精美的纹饰，显得富丽堂皇。不足1毫米的人物中有5人佩戴着眼镜，人物面部表
情刻画得细腻入微。核舟"南湖红船"现已被中国航海博物馆收藏。

山水园林系列和神仙人物系列四种。吉祥如意系列主要包括十二生
肖、辟邪瑞兽等，民间故事主要包括东坡泛舟赤壁、羲之戏鹅、桃园
三结义等，山水园林主要包括山水风景、古典园林等，神仙人物主要
包括十八罗汉、观音菩萨、弥勒佛、八仙过海等。此外，如今的年轻
核雕艺人还在探求新的表现形式和表现内容，把自己所想的一切寄情
于核桃的方寸之间。

核雕技艺和使用工具

核雕技艺

经过一代代核雕大师的传承与创作，核雕发展出了浮雕、圆雕、透雕、镂空调、镶嵌、线刻和磨制等工艺。

核雕主要包括桃核和橄榄核，其已被列入第二批国家级非物质文化遗产名录。

核雕属于微雕技术，不仅需要艺人具有一定的绘画、书法以及雕刻基础，还需要具有丰富的想象力，当然还需要特别的材料、眼力和毅力。

核雕的制作与其他雕刻基本一致，第一，需要选择一个表面比较肥厚、雕刻面积较大的核桃，这能为核雕创作提供很大的创作空间；第二是设计，根据核桃的大小、形状、颜色进行构思，并需要在核桃上做出简单的线条勾勒；第三是定型，根据勾勒好的线条进行初步加工；第四是粗刻，将初步加工好的作品细部进行刻画；第五是细刻，将雕好的作品进行细部的完善，尤其是人物的面部表情等，使之更加生动丰满；第六是打磨，大多以砂纸打磨作品，使之光洁细腻；第七是抛光，把完成的作品进行抛光，使之富有良好的手感。

当然，雕刻时要选用适合的刀具，另外还对创作者的手臂、手腕、手指的力量、稳定和灵活性有极高的要求。核雕属于技术活，也是功夫活，心浮气躁是肯定做不出精品来的。核桃又小又硬，雕刻时需要漫长的时间和坚韧的毅力，只有具备这些素质，才不会半途而废。

⊙ 弥勒佛三棱核雕
雕刻师周桂新

雕刻工具

"工欲善其事，必先利其器。"核雕也不例外，无论是大师还是初学者，都必须有一套好的工具，只有这样，才具备创作核雕的基本要求。

核雕制作工具主要包括凿子、锉刀、扶钻三类。

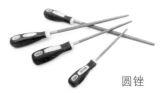

圆锉

凿子包括圆凿、线凿和平凿等种类。圆凿有大小之分，口呈圆弧形，可用来雕刻毛坯；线凿则用来雕刻精细的线条，如头发、眼皮、衣褶等，尤其是人物开相时需要采用线凿；平凿主要用来雕刻大面积的版块，突出作品的立体感。

平锉

锉刀根据刀面形状和摩擦情况分为平锉、圆锉、光锉和毛锉。核桃的形状各不相同，而核雕作品需要规整的核体，如果核桃整体不太规整，这时就需要用锉刀加以改造。

毛锉

扶钻则负责用来打孔。

此外，还需要一些辅助工具，如吊模、牙雕机（用于打磨）、砂纸、钢锉以及卡尺等。

砂纸

核雕制作工具

名家核雕精品鉴赏

长期以来，人们根据地域把核雕分为南工和北工。

南工以江苏苏州为代表，包括浙江、湖北等地，南工从事核雕行业的人员众多。传统南工雕刻为纯手工雕刻，雕工刀法比较细腻，以细腻的刀法体现自己的创造力。南工大多为集约化发展，擅长于题材的开拓和技术方面的创新。南工大多有着严格的传承，在各类核雕作品中都有更多的创新。

北工以山东潍坊、河北廊坊为代表，包括北京、天津、西安、东北等地。北工从事核雕的人数相对较少，大多为个人作坊式生产。北工核雕蕴含着浓烈的北方人的性格特点，雕工刀法粗犷，布局简练，朴实大方。

在一般人看来，有一种南工核雕作品要比北工核雕作品更细腻、价值更高的错觉。其实，不管是南工还是北工，都涌现出了不少的核雕大师。

雕刻核桃——福禄万代

文玩核桃以"福禄万代"为主题进行雕刻创作，主要是体现了雕刻师对收藏者的美好祝福。葫芦自古以来就是"福禄吉祥""健康长寿"的象征，也是保家镇宅的良品。葫芦谐音"福禄"，因是草本植物，其枝茎称为"蔓"。"蔓"与"万"谐音，"蔓带"与"万代"谐音，葫芦子多也寓意着多子多福。"福禄""万代"象征着"福禄寿"齐全、人丁兴旺、世世荣昌。

此对雕刻核桃选用上等皮质的"官帽"为坯料，由经验丰富的雕刻师手工雕刻而成，刀法娴熟，雕工细腻流畅，雕刻的葫芦花叶栩栩如生，是把玩、收藏和赠送亲友的上好佳品。

⊙ 福禄万代核雕
雕刻师小火炉

不同于普通的浮雕，这对核桃采用了镂空雕刻的手法，突出了葫芦、藤蔓、枝叶的立体感，就像从平面升级为3D立体效果，好像微风轻拂就能让小葫芦们摇动起来，给观赏者带来愉悦的心情。

此外，据说在风水学中，葫芦具有以下几种功用：

一、可以化病，增加身体健康。二、可增加夫妻缘分，促进家庭和睦，加强生育能力。三、可以增福增寿，利财运。四、可以化煞挡煞，保家人平安。

总之，家中摆上一对精美的"福禄万代"，不仅能愉悦身心、陶冶情操，还能与吉祥福气相伴，"福禄万代"实在是核桃摆件当中的上作佳品！

雕刻核桃——松鼠葡萄

文玩核桃以"松鼠葡萄"为主题进行雕刻创作。葡萄果实成串成簇，硕果累累，寓意丰收、富贵、长寿。松鼠是一种十分可爱的小动物，鼠在十二时辰为子，喻"子"之意，松鼠葡萄纹寓有"多子多福""子孙万代"的吉祥祈愿。

此对雕刻核桃选用上等皮质的"官帽"为坯料，颜色漂亮，由经验丰富的雕刻师手工雕刻而成，刀法娴熟，雕工细腻流畅，雕刻的松鼠和葡萄都是轮廓分明、栩栩如生。

⊙ 松鼠葡萄核雕
雕刻师 小火炉

　　镂空雕刻的手法难度比较大，尤其是小松鼠的毛发细小繁多、葡萄一粒一粒簇拥成串，要想雕刻成形都是很难的，更别说还要栩栩如生。而这对核桃上的雕刻造型立体感十足，似乎一个眨眼，小松鼠就会从葡萄藤上一跃而下，嘴里还叼着一颗葡萄。生动的造型给观赏者带来愉悦的心情。

⊙ 松鼠葡萄核雕

雕刻核桃——喜上眉梢

喜上眉梢成语的本意是：喜悦的心情从眉眼上表现出来。而这个核雕作品却真的展现了"喜上眉梢"的场景。一只喜鹊站在梅花枝头，歪着小脑袋看着梅花，似乎被美丽的梅花吸引住了。

这一组合核雕作品，上面的核桃是雕刻主体，下面的核桃是底托，经过加工，十分恰当地承托着上面的主体作品。

细观核雕作品的主体，雕刻师在一面进行雕刻创作，喜鹊栩栩如生，梅花朵朵盛放；

而另一面保留原来核桃的样貌，可以看出核桃本身皮质好、纹路清晰流畅。

而且核桃经过雕刻之后，某一角度的造型很像桃心的形状，十分惹人喜爱。

喜鹊题材是中国文化的一种体现，在民间传说中有许多都是关于喜鹊的，比如人们熟知的七月初七牛郎织女鹊桥相会，还有喜鹊偷偷将梅花赐予人间，所以在腊月会梅花盛开。

而且喜鹊的出现总是伴随着嘹亮的叫声，不论是在落叶萧瑟的秋天，还是寒冬的腊月，在枝头上总能听见喜鹊叽叽喳喳的叫声与欢呼雀跃的景象，给人一种吉祥喜庆的好兆头。

所以，人们常常把看到喜鹊当作吉祥的预兆。如果家中摆上一个"喜上眉梢"的核雕作品，不仅能时时欣赏雕刻师的精湛雕工，还能为家中增添喜气。

⊙ 喜上眉梢核雕

雕刻师辰午

雕刻核桃——乡情

文玩雕刻核桃摆件名为"乡情-盼儿归"，从名字就可以看出这不单单是造型雕刻那么简单，还融入了雕刻师浓浓的感情。

此核雕作品题材讲述了一个十分感人的故事：母子俩住在大山里，儿子勤奋好学，即使自家与学校的距离很遥远，也每天坚持背着书包翻越好几座大山，赶到学校去上学。辛苦劳作的妈妈很是欣慰，生活虽然清苦，但是儿子如此懂事，妈妈心里觉得比谁都幸福。但是由于长期辛苦劳作，妈妈生病了，本来要去上学的儿子得知情况后，二话不说抛下书包就跑了出去，说是要为妈妈上山采草药。妈妈来不及拦下儿子，只盼着儿子能早点回来，不要为了采药

⊙ "乡情-盼儿归"核雕

雕刻师木风

⊙ "乡情-盼儿归"核雕

身处险境。太阳慢慢西下，眼看就要黄昏，儿子还没有回家，妈妈焦急地在家门口徘徊，看着扔在地上的书包，妈妈留下泪来，"儿子，盼望你平安归来！"

很多人记忆深处可能都有类似的记忆，父母的爱，子女的孝顺，儿时在家乡的一段段记忆，情景历历在目，常常温暖人心。这种浓浓的乡情，被雕刻师巧妙地在雕刻中体现了出来，许多画面凝结在了这样一幅静态的造型中，构思巧妙、内涵丰富。一个核桃表现儿子不惧危险为妈妈上山采药，另一个核桃表现妈妈焦急等待，脚旁扔在地上的书包成为了母子的纽带，表现出了儿子出门时的着急，以及妈妈对儿子的牵挂。

除了感情上的升华，这对文玩核桃还采用了比较少见的三棱核桃，进山收过核桃才会知道，并不是所有树上都会结三棱核桃，三棱核桃的比例非常少，特别是个头大、分量沉、配对好的更是稀少。而这对核桃是三棱核桃，外形也比较接近，规格是：41毫米×37毫米×41毫米，44毫米×38毫米×44毫米，所以不管是造型还是本身价值，都是非常值得收藏的雕刻作品。

雕刻核桃——祖孙情

文玩雕刻核桃摆件名为"乡村－祖孙情"，有情感主题的造型必然是有故事的。

小男孩总是围着奶奶打转，父母在外打工，都是奶奶一个人照顾孙子。奶奶干活的时候，孙子在旁边捣乱，美其名曰"帮忙"，奶奶从不阻止，总是夸小孙子真能干。小孙子最喜欢干的事就是帮奶奶洗衣服，祖孙俩坐在山间大树旁，清泉就从山上飞瀑而下，奶奶就在飞瀑旁洗衣服，洗好衣服之后，小孙子赶忙跑来蹲在溪边石头上，抓着衣服的一头儿使劲儿拧，一个不小心脚下一滑差点儿坐个屁墩儿，祖孙俩发出阵阵笑声。这段回忆单纯快乐而温暖，但是小男孩长大之后再回忆起，却有了更多的感悟，人生匆匆，越是那些简单细碎的美好，越能温暖人心，珍贵无比。

"空山幽谷落飞瀑，青溪祖孙浣衣裳。"美好的故事，温暖的意境，在这颗独一无二的核桃上体现得丰富之极。观赏细节之处，雕刻师将核桃内部雕刻成山洞造型，清泉从中飞瀑直下，仿佛水滴就要溅出，而祖孙俩拧衣服的造型更是栩栩如生，真像是铆足了劲儿使劲往后拽。

这颗文玩核桃除了精湛的雕工外，核桃本身也非常漂亮！从多个角度观赏，都是比较饱满的，纹路也比较流畅。

⊙ "乡情－祖孙情"核雕

雕刻师若水

雕刻核桃——十八罗汉手串

精品手工双面雕刻，苏工，野生狮子头。

十八罗汉：

坐鹿罗汉、欢喜罗汉、举钵罗汉、托塔罗汉、静坐罗汉、过江罗汉、骑象罗汉、笑狮罗汉、开心罗汉、探手罗汉、沉思罗汉、挖耳罗汉、布袋罗汉、芭蕉罗汉、长眉罗汉、看门罗汉、降龙罗汉、伏虎罗汉。

十八罗汉是指佛教传说中十八位永住世间、护持正法的罗汉，由十六罗汉加二尊者而来。十八罗汉是佛教在人间的守护者。他们坚守的是正义和毅力，是大智大慧的坚守者。十八罗汉核雕有庇佑平安的寓意。

细观这十八罗汉，有的长眉长须，有的眼大鼻阔，有的精神抖擞，有的笑容满面。十八罗汉神态各异、表情丰富。

⊙ **野生狮子头雕十八罗汉手串**
雕刻师周桂新

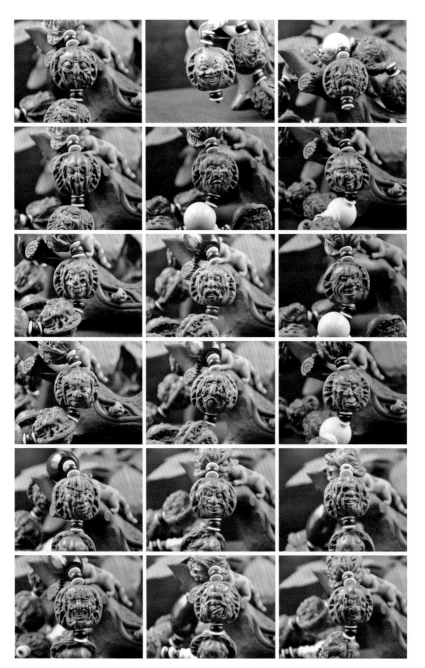

⊙ 形态各异的十八罗汉核雕

雕刻核桃——人生百财

"人生百财"这是中国的传统吉祥纹饰，图案一般是由人参和白菜组成，"人参"与"人生"谐音，"白菜"与"百财"谐音。

雕刻师运用浮雕的手法，把一对核桃雕刻成具有"人生百财"美好寓意的艺术品。一只核桃的一面巧妙地雕刻为白菜，穿过核桃边棱，另一面漏出白菜心，下面则雕刻人参。叶脉清晰自然，还有甲壳虫爬行其上，立体感极强，琢工细腻精巧，讨人喜欢。

另一只核桃雕刻石榴、寿桃和人参。石榴寓意"多子多福"，寿桃寓意"长寿如意"，人参也是表示"长寿"。雕刻精细，寓意吉祥。

此对核雕作品是雕刻大师方振杰先生雕刻，寓意非常好，用来送给老人祝寿是再合适不过的。

⊙ 人生百财核雕

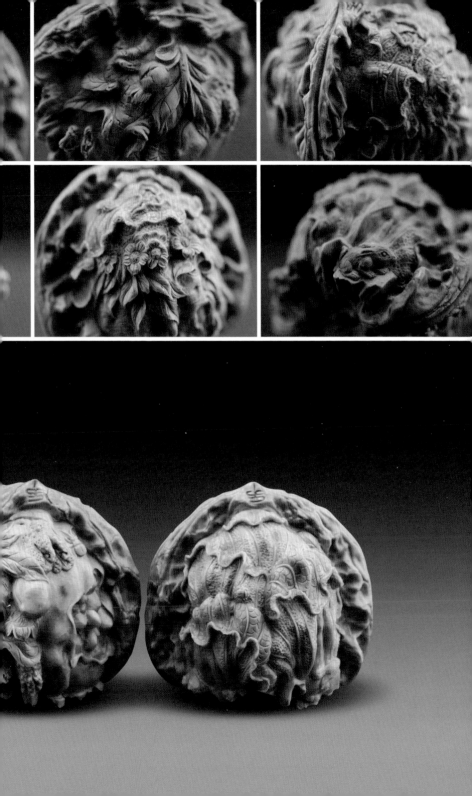

雕刻核桃——愉悦和谐

自古以来，金鱼、荷花和螃蟹都是我国的传统吉祥图案。

金鱼是一种观赏鱼类，自古就是和平、幸福、美好、富有的象征。雕刻金鱼图案，一般具有金玉满堂的吉祥寓意。荷同莲。三国时代吴国陆玑《毛诗草木鸟兽虫鱼疏》中说："荷，芙蕖；江东呼荷，其茎茄，其叶蕸，其花未发为菡萏，已发为芙蕖，其实莲。"莲有一品莲，即一梗三花的品字莲。《群芳谱》谓："'一品莲'，一本生三萼。""一品莲"或"一品荷花"寓意官居一品；又，"莲""廉"谐音，"一品莲"遂更有居高位而清廉不贪之意。所以荷花主清贵。

螃蟹是甲壳类，在科举时代象征科甲及第。螃蟹披坚执锐而横行，两只蟹螯钳住东西就不放，有"横财大将军"之称。故螃蟹兼有金榜题名和横财就手的双重瑞兆。

中国民间以荷花、螃蟹组合为图案的工艺品不少。荷花加上螃蟹，可谓是富贵双全。而今，荷花和螃蟹不是单独分别寓意，有机地统一起来，寓意"和谐"。

此核雕作品是雕刻大师方振杰先生雕刻，布局合理，雕刻精细，寓意吉祥，象征着天下和谐盛世，人们都过上愉悦和谐的生活。此类核雕作品，深受人们喜爱，尤其是深得老干部喜欢。

⊙ 愉悦和谐核雕
高35毫米，宽42毫米

⊙ 钟馗捉鬼核雕

雕刻核桃——钟馗捉鬼

钟馗，姓钟，名馗，字正南。钟馗虽然铁面虬鬓，相貌奇异，但却是个才华横溢、满腹经纶、学富五车、才高八斗的人物，平素正气浩然，刚直不阿，待人正直，肝胆相照。

钟馗，是中国著名的民间神之一，后来被道教纳入神仙体系，尊为"赐福镇宅圣君"。他的主要功能是捉鬼，驱鬼逐邪，镇宅保安。

此核雕作品为雕刻大师方振杰先生所雕刻。两只核雕，均采用浮雕技法，一面雕刻钟馗捉鬼形象，另一面雕刻葫芦、寿桃和蝙蝠，寓意福禄寿。两只核桃尽管雕刻题材一样，但钟馗捉鬼的神态却是不同，小鬼的相貌神态也各异，包括另一面的葫芦、寿桃和蝙蝠的雕刻形象也都不一样。一只核雕钟馗仰头向天，怒眉冲冠，一手竖起食指，一手拿着绳索，旁侧附着小鬼；另一只核雕钟馗却是俯视小鬼，一手立掌，一手似乎抓着小鬼。刀法犀利，线条有力，凸显出钟馗正气凛然。此对核桃雕刻精细，寓意美好，是一件非常有价值的核雕收藏品。

鉴定技巧

文玩核桃的鉴定

文玩核桃的鉴定方法

自古以来，文玩核桃就有"千里难挑一，万里难成对"之说，说的就是核桃极难配成对，世界上没有完全一样的东西，但如果能找到相近的一对核桃则是核桃爱好者天大的福气。成对的核桃越相似，价值就越高，即便是最珍贵的文玩核桃，如果没有配成对，那么它的价值就大打折扣，单只的核桃永远不完美。

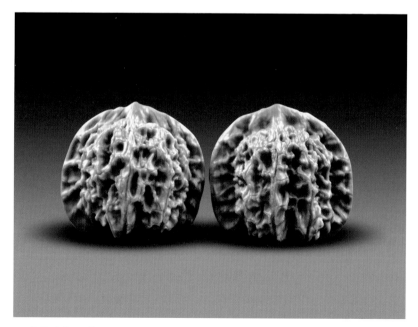

⊙ 纯野生狮子头

⊙ 纯野生狮子头

那么，如何判断文玩核桃的真假，需要从核桃的质感、手感、分量、颜色、光泽以及常识来判定。

质感：真的文玩核桃，可以让人感受到它的木质感，仔细观看，可以看到核桃表面一些特殊的木制纹理，两个核桃碰撞发出的声音清脆。

手感：真的文玩核桃，把玩起来手感特别好。当然，楸子和灯笼核桃除外，但是这两种核桃品种比较便宜，造假的也少。

分量：如果是新核桃，分量一定要重、打手一些；如果是老核桃，分量则要轻一些；如果是假核桃，拿在手中则像两块石头一样沉。

颜色：真的文玩核桃，颜色不一定是红色的，但它的颜色一定是非常自然的。细细观看，可以看到它从里到外都是一种颜色，犹如一块宝石美玉一般光泽迷人。

光泽：真正的文玩核桃的包浆都非常讲究，包浆较厚，散发出类似红木家具的气息。

常识：如果发现了一对完全一模一样的文玩核桃，那么就要小心了，因为世界上没有完全一模一样的两个核桃。遇到这类情况时，一定要保持警惕，摆正心态，千万不要产生捡漏儿的心理。

通过以上几点，可以对文玩核桃进行初步的鉴定。当然，文玩核桃的鉴定与其他收藏品的鉴定一样，需要多看、多问、多实践。如果没有见过真正的文玩核桃，你可以去市面上有信誉的老店转转，看看里边真正的文玩核桃，最好买一对练手，不求价格昂贵，但一定要是真的。通过这样的练习，以后再遇到想要入手的核桃，只要拿在手中把玩，就可以大致判断出它的真假了。

⊙ 用塑料做的假核桃

此外，还可以通过"望""闻""问""切"的方法来鉴定老核桃的真假。

望："望"就是自己观看。拿到核桃后，仔细观察核桃的品种和品相，作假的核桃大都是比较名贵的品种，这些假核桃看起来都很完美，基本上没有一点残破，好似盘玩了几十年。但是如果仔细想想，被盘玩了几十年的核桃，怎么会没有一点点损伤呢。另外，作假的核桃一般分界线都比较明显，其缝隙间会掺杂一些如透明胶之类的物质。

闻："闻"就是听核桃的声音。老核桃经过几十年、上百年的把玩，其中的果仁早已变成砂仁了。据了解，市面上的绝大多数假核桃之中没有砂仁，只有极少一部分，核桃之中填以小米，以此造成与砂仁相似的声音。这就需要了解真假核桃的声音了，如果声音有厚重感，基本上可以确定是老核桃，因为老核桃经过长时间的把玩后，汗水逐渐浸入皮壳；而假核桃的声音则比较响亮。

问："问"就是多问。为了获得更高的利益，很多商贩成为制假者。在选择文玩核桃时，一定要多问商贩或店主核桃的品种、来历之类，还要多转转。如果是假核桃，一般可以发现不少摊位都会售卖。

切："切"就是把玩。懂核桃的人都知道，真、假核桃在把玩时候的感觉是完全不一样的。真核桃散发着自然朴素的光泽，犹如古玉一般，假核桃则没有这种效果。

⊙ 用塑料做的假核桃掂在手里感觉比较轻

首先，看核型。在看过成千上万个核桃之后，核桃界精品、极品少之又少！在不该出现的地方出现了极品核桃，这首先就值得怀疑。仔细观看核桃纹理，造作、怪异、不符合自然生长规律或出奇的想象等情况，都是不可靠的！其次，看包浆。一般老核桃包浆较厚，光亮柔和、自然、凝重、不锐利、聚光散！这是多年把玩的结果，包浆水透，入皮较深！借助阳光可观察到核桃边缘有天然玛瑙的效果！再次，看缝隙。看得越仔细越好！即便人工抛光，仍然会有抛不到的地方，那才是它的本来面目。

注意有无横纹，做假核桃最难的是做边的横纹，假核桃一般边都是两半的，边缝间没有横纹连接，有横纹也是到中缝处终止了，不会连贯到中缝的另一边。

用放大镜仔细看底，核桃底是最不好仿的，仔细看会有气泡产生。

假核桃一般都是做"老核桃"，老核桃容易作假，白皮核桃很难做。

假核桃的边一般是明显分为两半的，分界线很清晰，而且边缝之间涂了一些透明胶之类的东西。

在核桃底上摩擦几下，再在核桃上沾上灰尘并吹，假核桃上的灰是吹不下去的，因为你摩擦了有静电。

野生南将石和嫁接南将石的区别

比较项	野生南将石	嫁接南将石
形状大小	形状多歪，个小	形状多正，个小
纹路	纹路密	纹路疏
顶部	顶部十字尖	顶部直尖
肩部	端肩	溜肩
底部	底部平	底部凹

官帽与公子帽的辨别

比较项	官帽	公子帽
图片		
边高比	边宽比高度要大	边宽一般要比高度小
肚	肚扁而宽	肚比官帽窄
边	边从正面看比较瘦、窄	边从正面看比较胖、宽
底	底下兜不明显，平底	边延伸到核桃底脐部位的弧度较大，俗称"耳朵"

文玩核桃的造假

随着古玩收藏的兴起，作为收藏品之一的文玩核桃也受到收藏爱好者的追捧，因为它不仅有收藏把玩的功能，还具有健身的功效。玩核桃热潮的兴起，文玩核桃的价格也随之水涨船高，尤其是随着赌"青皮"而来的巨额财富，这一切都刺激着收藏爱好者的神经。

近几年来，随着核桃爱好者的快速增加，大量的游资投入到了文玩核桃的种植与炒作之中，随之更是出现了不法商家为牟取暴利，开始文玩核桃的作假。据了解，主要表现在以下几个方面。

1.文玩核桃价值的攀高，加之老核桃树的产量稀缺，核农看到文玩核桃市场的火爆，开始扩大经营，大量种植核桃。尤其是在这一批核桃进入市场后，使得市场原有的核桃价格也受到了很大的影响。

2.由于文玩核桃珍贵品种的稀缺，核农盲目地嫁接核桃，甚至采用了上夹板、套模子等方式，使得产出的

⊙ 赌青皮

核桃出现相似的大小和形状。急功近利的心态，使得文玩核桃的品质出现了大幅度的降低。越来越多珍贵品种核桃的涌入，随之市场供大于求，一些珍贵的品种的价格甚至是十倍几十倍的下跌。

3.疯狂的核桃市场，也使得不少核商开始造假。所谓造假，分为两种，一种为人为修复，一种为以次充好。

⊙ 模具套出的官帽

修复 就是把有缺陷的核桃经过人为手段进行修正。如把文玩核桃的缺陷之处，经过磨搓的方式，使得缺陷之处变得平滑；或者是对于出现裂缝的核桃，商家会把核桃先用水浸泡，然后用胶水把核桃的裂缝修复，如果仔细看，这里与核桃的其他部位会有很大的不同；有的商家甚至会修尖、脐或纹路，再辅以核桃油之类的东西给核桃"美容"。

⊙ 黄尖核桃、阴皮核桃

以次充好 属于完全的欺骗。一些不法商家，甚至用树脂去冒充核桃，这对初次玩核桃的爱好者是一种挑战。随着核桃爱好者鉴赏水平的提高，作假水平也越来越高，这时就出现了"核桃粉"。核桃粉就是把核桃皮碾碎之后，再加上胶水，然后上色，再用模子制作出类似的纹路置于核桃之上，然后成对地以"孪生核桃"欺骗核桃爱好者。更有些商家看到了异形核桃的高利润，他们把几个核桃切开，然后把它们黏成三棱、四棱甚至五棱的稀有核桃。

以上种种现象的出现，需要核桃爱好者增加自己的知识储备，慢慢寻找文玩核桃真正的价值。在选购文玩核桃时，千万不要抱着捡漏儿的心态，一定要记得"买的没有卖的精"。而同其他古玩一样，相关部门很难对文玩核桃市场采取相应的监管措施，更不可能对其价格进行硬性规定，毕竟，作为艺术品的一种，文玩核桃早已脱离它本身应有的价值。此外，因受古玩传统行规的限制，收藏家们也不能对一些不好的现象妄加评论。

⊙ 粉压核桃

⊙ 塑料做的假核桃

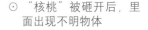

⊙ "核桃"被砸开后，里面出现不明物体

⊙ 修补过的满天星

嫁接文玩核桃分级表

分级	皮色	尺寸	品相	配对
一级	干净，各面皮子没有缺陷	45毫米~55毫米	六面端正	六面从纹理大小上来看本一致
二级	干净，各面皮子没有缺陷	40毫米~45毫米	两面以下不够端正	尺寸误差1毫左右，六面纹理、大小来看基本一致
三级	成熟度不够或者稍有缺陷	40毫米以下	两面以上不够端正	两面以上相度不够

图例

⊙ 四座楼狮子头

边49毫米/48.5毫米，高43毫米/42毫米，肚43毫米/43.5毫米

产于河北，皮色干净，尺寸较大，而且大小、纹路、底座等均相近，属于精品配对。

⊙ 南将石狮子头

边40.5毫米，高37毫米，肚40毫米

产于河北，皮色干净，尺寸稍小，大小、纹路等各方面都相近，配对较好。

⊙ 狮子头

边35毫米，高31毫米，肚34毫米

产于河北，皮色干净，尺寸较小，外形、纹路方面配对稍差一点。

文玩核桃的配对

中国人自古就讲究成双成对，诸多吉利的事物多与双数相关，从中国的建筑、传统城市规划、古代艺术品的形态等，均是推崇"对称美"。因此，核桃的配对大体也是源于中国人的这种传统审美观。

文玩核桃的价值，往往是取决于美和"难得程度"，越是美感强，越是稀少难得，价值也就越高。作为天然的产物，核桃的美感，基本在于玩家的认同，如果将两个相似的、美感又强烈的核桃放在一起，成为一个整体，比单一寻找一只好核桃要难得多，因此显然就提高了"难得程度"，提高了核桃的把玩、收藏价值。从人手生理机能上看，盘玩两个核桃是最恰当、最舒适的。一个核桃只能"撮"不能旋转盘玩，而一对核桃的盘玩，使手指得到充分运动，也是一种把玩和健身。

⊙ 异形核桃

文玩核桃配对为何难

给文玩核桃配对是很有讲究的，要想配好对儿也不是一件容易的事情。那么，文玩核桃配对到底有多难呢？

第一，品种。文玩核桃配对一定要找同品种的，不同品种的文玩核桃配成一对是不入流的。

第二，同树。同品种不同树的文玩核桃，在纹理外形皮质方面大多会有些差距，很难一致。现在市场上成对的文玩核桃有一些是不同树所配，甚至是几十里外的文玩核桃配成的，这样在配对的其他方面会有些影响。一棵树的核桃在配对方面可以解决一些根本性的问题，因此同树配对也非常重要。

第三，外形。文玩核桃外形方面，肩高、边的走向、肚的弧度、脐部的形状、底座的大小，甚至边的纹路，等等，越接近才越能配对成功。

⊙ 苹果园狮子头大四棱
最大50毫米 / 50.5毫米

第四，皮质。文玩核桃的皮质要硬度一致，皮质是保证盘玩效果的基础，皮质不一样会导致出现色差等问题。

第五，纹路。世界上没有完全相同的两个核桃，所以核桃的纹路不要求完全一致，完全一致也是不可能的。但是纹路的特点、粗细、分布要差不多一样，最好要相互呼应。

如果一对文玩核桃完全符合上述五点，这基本上属于绝配了！不管是什么品种，一定人见人爱。但是一般的核桃配对，至少也要符合前三点，否则配对就不成功。

⊙六棱核桃

什么样的文玩核桃配对最难

　　长相平常的文玩核桃相对来说比较好配对，但对于那些长相奇特或者个头过大或过小的文玩核桃就"遭殃"了，配不上对儿，那就是一文不值；可只要找到配对完美的，那身价可就噌噌往上涨呀！例如鹰嘴、佛肚、双瓣、四棱、三棱等这些异型核桃，出产率很低，有时要"打光棍"很多年才能等到适合自己的另一半，有的运气差的只能孤独一生了。由于异型文玩核桃配对比较难，所以不仅仅拘泥于"相似"，也可以"对称"。尽管这样，异形文玩核桃的配对还是难上加难的。

　　有的文玩核桃尺寸可以小些，品种可以不怎么珍贵，皮质可以差些，但配对一定要好，一对小楸子配对地道，同样会让人刮目相看。

　　所以，配对儿可是文玩核桃的最高追求，而且真的是"千里难挑一，万里难配对"！

⊙ **精品大官帽**

边48毫米/48毫米，高42毫米/41.5毫米，肚43毫米/42.5毫米。

全品无瑕疵的大官帽要想配对好，虽然有一定的难度，但也算是常见品种，多花些时间也能配上对。但如果是异形核桃，想配好对可比这个难度大得多。

⊙ 五棱四座楼狮子头

⊙ 70毫米的盘龙纹狮子头非常难配对

⊙ 连体核桃配对难度较大

⊙ 黄瓜楸子

文玩核桃挑选配对技巧

文玩核桃的配对如此困难重重，但这又是挑选文玩核桃时最为重要的事情。那么，我们在选购文玩核桃时，该如何挑选配对？下面，笔者为大家介绍一下挑选配对文玩核桃需要注意的几个方面，便于大家了解。

第一，要看核桃的尺寸。两只核桃的尺寸应该大致相当。如果在尺寸上存在差异的话，只要差异是在0.5毫米以内的，都可以算作配对儿成功。有时同一棵树上的核桃，也很难配出特别完美的一对儿。所以，配对儿是一件需要极大的耐心和机遇的事情，有时候很可能当年新下树的一只核桃，要等到几年以后才能够找到另外一只和它配得上对儿的核桃。

第二，要看核桃的颜色。两只核桃的颜色应尽量保持一致，尤其要避免出现色差。一般来说，不同时期的核桃往往会呈现出不同颜色，特别是年代久远的核桃会呈现出如玛瑙般莹润的色泽。另外，大家还要警惕，目前市面上存在一些经过加工上色的新核桃，在购买时也要小心鉴别。一个简单的鉴别方法是用手指在核桃上面用力擦一下，年代久远的核桃会出现亮点，而经过加工上色的新核桃上没有亮点。

⊙ 精品配对大官帽

第三，要看核桃的纹路。两只核桃的纹路形态要尽可能接近，越是接近的核桃其整体价值就越高，反之价值就越小。而且两只核桃纹路的疏密分布也要尽可能相近，这样配出对儿来的价值才会更高。同一棵树上下来的核桃纹路往往会比较相似，而不同树上下来的核桃纹路则很难有近似的，所以商家们也会采用"包树"的办法，来提高核桃配对儿的成功率。

第四，要看核桃的外形。两只核桃从外形上来说，要尽量做到上、下、左、右、前、后六个面都具备相似的外形。如果能够做到六个面都能配上对儿的话，也就是行内所称的"绝对儿"，非常难得；如果能做到五个面配上对儿的话，那也堪称"佳对儿"；而要是只有一个面的外形相似，其他几个面的外形都差异较大的话，这样的两只核桃也就不能算是配上对儿了。

⊙ 纯野生狮子头

边39.5毫米/39.5毫米，高37毫米/37毫米，肚39毫米/40毫米

老传统狮子头，个头不大，分量重，产于北京。此对野生狮子头配对非常好，非常难得。

淘宝实战

当前核桃市场表现

随着人们生活水平的提高和保健意识的增强，人们对文玩核桃的认识也逐步加深，越来越多的人开始走入文玩核桃收藏圈。而且，收藏者的平均年龄也逐年降低，这说明，文玩核桃收藏逐渐呈现出一种大众化的倾向。据了解，我国文玩核桃市场主要有以下几个方面。

1.如今，从新疆到福建，从黑龙江到云南，基本上每个省份都有文玩市场。而在文玩市场中，经营文玩核桃的店铺更是随处可见。从近几年文玩核桃销售市场统计，文玩核桃的购买群和潜在购买客户群逐年扩大，销售分布网点也逐年增多。据了解，京津、华北地区是我国文玩核桃的重要集散地，也是核桃爱好者的重要集散地。目前，十里河文化市场是北京最大的文玩核桃市场，此外，潘家园、官园、报

⊙ 十里河文化市场

国寺、天宁寺以及大钟寺也有文玩核桃市场。尤其是在大城市的经营文玩核桃的核商们，不少人的祖上都是"玩"家，当然也有不少后起之秀，他们成为文玩核桃文化最直接的传播者。

2.文玩核桃市场乱象丛生。在"全民收藏"的时代，文玩核桃市场赝品横行，核桃爱好者盲目地开始进入核桃市场，使得各种被骗、拍假、假鉴现象层出不同。文玩核桃的价格从前几年的几千元，攀升到现在的几万元甚至几十万元，尤其是配对比较完美的时候，价格更高。这种爆炸式的增长，让核桃爱好者难以承受。随着市场的自主调节，文玩核桃价格逐渐回归理性。

⊙ 清　双生核桃一对

3.文玩核桃高端市场难以形成。如今的文玩核桃市场遍布全国，文玩核桃市场开始进入理性。虽然文玩核桃市场逐渐扩大，但大多流通是价值较低的鸡心、楸子之类的核桃，而高端文玩核桃市场还是没有形成。除了高品质的文玩核桃数量稀少之外，很多高品质的文玩核桃也很少流通。虽然每年都会诞生不少天价核桃，但大多在极小的圈子内自行消化，这也在一定程度上限制了高端玩家数量的增长。

⊙ 清　核桃一对

文玩核桃的选购

俗话说："乱世黄金，盛世收藏。"随着社会的发展，人们的生活水平越来越高。文玩核桃逐渐走入收藏爱好者的视野，这时，一对朴素典雅的文玩核桃则成为核桃爱好者的所求之物。

那么，如何选购一对真正的文玩核桃呢？这就需要从"个、色、形、质"四方面来仔细研究。

个

　　"个"指的是核桃的大小和尺寸。据了解，适合把玩的核桃尺寸（特指宽度）在35～45毫米之间，因为这样的尺寸正好适合一般人手掌的大小。当然，适合收藏的文玩核桃却是越大越好，尤其是品种较好的文玩核桃尺寸超过45毫米就属于珍品了。

　　一般来说，核桃的尺寸越大，价值就越高。尤其是在核桃尺寸达到40毫米的时候，每超过1毫米，价值可算是千差万别。

⊙ 尺寸大小不同的南将石狮子头

在选购核桃时，还要特别注意配对的问题。两只核桃一定要在高度、宽度以及圆满度上相似，必要时可以使用卡尺来测量，总之，两只核桃的尺寸越相近越好。

需要注意的是，有些不法商贩利用泡水或泡油的方法使得核桃的尺寸增大，以达到自己获取暴利的目标。这种核桃的鉴别方法需要注意核桃的原脐儿（底座最中间）的颜色是否变浅。

当然，如果在见到一对质、形、色三方面都特别好的核桃，那么"个"就不需要太在意了。一般玩家不用于收藏而用于把玩的话，会根据自己手掌大小来选择。

▍色

"色"指的是核桃在不同时期表现出来的不同颜色。这里所说的"色"分为自然色和人工着色两方面。

自然色：指的是核桃本身的颜色，大多为黄褐色，随着人们的把玩，核桃的颜色越来越深，一般盘玩10年左右的核桃颜色大多都呈现出枣红色，非常迷人。据了解，核桃盘玩的时间越长，其所呈现出的颜色越深，犹如红玉一般具有细腻、透明的

⊙ 南将石狮子头上手3年和未上手对比

⊙ 麒麟纹狮子头上手和未上手对比

光泽。

人工着色：指的是在核桃成熟以后，经过人为的加工，使得核桃呈现出人们想要的颜色。一般都采用84消毒液、盐酸、双氧水等弱酸弱碱性药水。

选购核桃时，颜色一定要非常注意。两只核桃的颜色一定要一致，尤其是在核桃尖、边等位置，是否出现浅黄色的区域。如果发现这种现象，一定要慎重，这类核桃不管在把玩还是收藏价值方面，价值都不会很高。

▍形

"形"，指的是核桃的形状，也是核桃自然生长呈现出的形状。常见的有圆形、扁形、方形、长尖形和异形等。文玩核桃的品种如狮子头、官帽、鸡心、公子帽、虎头等都是来源于核桃的形状。

此外，核桃的"形"还包括核桃的纹路。纹路的深浅、疏密以及分布的形状都非常重要。纹路的深浅方面，纹路深的核桃价值更高；纹路疏密则要看个人的爱好；纹路的分布形状主要有片状、网状、放射状以及水

⊙ 配对不好的南将石狮子头

⊙ 满天星狮子头

纹状等，其中以水龙纹状的核桃最为珍贵。

在选购文玩核桃时，一定要注意两只核桃形状的一致，还要注意两者纹路的一致。需要注意的是，文玩核桃早已被赋予了深厚的文化内涵，其上的纹路往往会表达着一种美好的寓意，有着很深的意境。此外，文玩核桃的配对非常讲究，要各个面越接近越好，总结如下：

观其双面，无缺无漏，肚儿饱满。

观其两侧，边直垂下，双肩匀称。

观其天庭，顶部适中，高矮一致。

观其地阁，底平尾整，方中带圆。

质

"质"指的是核桃的重量、表皮的厚度和密度、上色的快慢、软硬程度等本身的质地方面。

在选购文玩核桃时，一定要选择重量大、皮厚、密度和软硬适中的核桃。这样的文玩核桃在把玩时上色较快，价值较高。

而且，质决定了文玩核桃的寿命，是衡量文玩核桃好坏最重要

⊙ 盘龙纹虎头
51毫米×49毫米×40毫米

的标准。质地好的文玩核桃，经过多年的把玩，呈现出来的状态可如玉石一般，非常迷人。质地好的文玩核桃，手感好，把玩时碰撞声犹如金石声。

以上就是选购文玩核桃最重要的四个方面。当然，选购文玩核桃时，还需要注意细节的问题，如是否有虫洞、是否有干裂纹、是否有阴皮等。

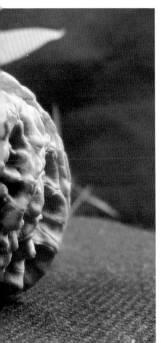

⊙ 四座楼狮子头

如何盘文玩核桃

文玩核桃，最美丽的是它的皮质、皮色和细致的纹路。盘好的文玩核桃，呈现出温润的玉质感，闪烁着如红木般的光泽。那么，怎样才能盘好文玩核桃呢？

文玩核桃的盘法分为文盘和武盘。文盘，是指把玩核桃时要注意每个手指的用力分寸，两只核桃在手中旋转互不碰撞，不但最大程度上保持了核桃的完整程度，还让手部穴位得到最大程度的刺激，更有益于身体的健康，而且，文盘时间越长，核桃表面的纹路看起来越温润，颜色越漂亮，总体而言，文盘见效相对较慢；武盘则相反，见效快，把玩时需要两只核桃相互碰撞，但核桃的纹路极容易受到损伤，尤其是长时间的武盘，核桃表面的纹路所剩无几，丧失了核桃的美感。尤其是珍稀品种的核桃，文盘相对于武盘更有优势。

⊙ 文盘核桃

⊙ 武盘核桃

自文玩核桃诞生以来，就出现了文盘、武盘两种盘法，传承至今，二者自然各有优势。在盘核桃之时，文盘和武盘不可能完全分离。首先，在文盘时，两只核桃总会不经意间碰撞，而碰撞之声却无其他物品碰撞时发出的令人烦躁之声，而是一种美的享受。这也是高手"文盘"时惯用的手法，其优点是在保护核桃纹路的同时，还能享受随之而来心理的享受。

盘核桃时，一定要耐心，很多人拿到新核桃后，都想尽快地把核桃盘出如漆如玉的感觉。但是，盘核桃需要时间和耐心的累积，下面介绍一下盘文玩核桃时需要注意的情况。

1.最好不要上油。很多初玩核桃的人，看到别人手中的色泽温润的核桃羡慕不已。为了更快地让核桃出润，往往在核桃表面刷一层油，很快地得到了自己想要的效果。殊不知，上油在短时间内能起到一定的作用，但长时间下来，上油却带来了不可挽回的损失。因为核桃表皮密度不同，所以吸收油的多少不可能均匀，随着盘玩时间的累积，核桃表面颜色会出现一定的色差，吸油多的地方会发黑，尤其是在纹路深处，因为很难接触到，一对完美的艺术品，最终成了普通的工艺品。需要注意的是，盘核桃手部出油都会让核桃出现某种程度上的色差，何况是上油，所以笔者建议，盘核桃时最好不要上油。

2.忌上色。很多新手在拿到新核桃时，天天盼着核桃出红，在一定时间内达不到自己想要的期待时，采用了化学药剂上色，最终却是毁了核桃。因为手部的汗液自然会让核桃出红：有的人手出汗多，核桃出红快，但是盘到最后很可能颜色变成黑红；有的人手出汗少，也不要担心，虽然核桃出红慢，但是出红后却是亮红色，更有光泽。

3.正确对待色差。在盘核桃时，一只核桃都会出现色差，何况是两只核桃。所以在出现这种情况时，千万不要放弃，也不要失去耐心，一定要保持平常心，最后一定能把两只核桃盘成同样的颜色。

4.正确看待核桃出现的问题。有时，新买的核桃会有黄尖、阴皮等问题，这些都是文玩核桃常见的毛病。黄尖很难盘掉，但是只要坚持盘下去，最后一定能盖住；阴皮则不同，有的是红阴皮，手出汗少的人长久盘下去，会盘成一样的颜色，有的是黑阴皮，手出汗多的人则容易盘下去。

⊙ 颜色配对不一致的四棱

5.盘核桃时一定要先把手洗干净，擦干净。有不少人在盘核桃之前，手没有洗干净擦干净，最后手上的细微脏污逐渐浸入核桃之中，使得核桃变脏，产生了不可挽回的损失。

6.冬、夏两季盘核桃更要注意。正所谓，汗手上色，干手上瓷。夏季时，手容易出汗，核桃更容易上色，但切记要把手洗干净；冬天时，室内室外温差较大，外出不盘核桃时，一定要把核桃贴身放置，以防止核桃在巨大温差下出现裂隙。

当然，盘核桃更讲究的是一种心理的享受，如能注意以上这些问题，一对绝美的艺术品将在你的手中诞生。

⊙ 苹果园狮子头

文玩核桃盘玩四阶段

阶段名称	文玩核桃变化特点	图例欣赏
揉亮	**核桃外观变化：** 本色→渐亮→亮 **重量变化：**重→轻 **效果：**核桃表皮吸附手掌分泌物，感觉咬手，手掌显得粗糙 **时间：**1.5～2个月	
揉红 （包浆）	**核桃外观变化：** 亮→红（体略显缩小） **重量变化：**轻→重 **效果：**核桃质地发生变化，手感略显平滑 **时间：**3～6个月	
揉滑	**核桃外观变化：** 红→深红→紫红（黑） **重量变化：**重→轻 **效果：**外观像假核桃，有塑料材质的感觉，棱角平滑，有油质感 **时间：**1年以上	
揉透 （挂磁）	**核桃外观变化：** 紫红或黑紫 **重量变化：**轻 **效果：**红中透紫，质感细腻，包浆极其深厚，透光仿佛可见核仁，有一种瓷器的釉感 **时间：**5年以上	

文玩核桃的保养

一对精美的文玩核桃，往往令人爱不释手，但是如不注意保养，可能就会出现开裂、花点等问题。所以，一定要懂得如何保养文玩核桃。

首先是清洗。再密封的保管，文玩核桃总会沾染灰尘，所以文玩核桃长时间放置不把玩时，一定要先清洗好。清洗新核桃时，先用软毛刷或棉签蘸上洗涤灵把核桃表面的纹路都清理干净，然后用清水冲洗干净，再把核桃擦干，注意千万不要用吹风机。如果清洗后不及时擦干，核桃表面很容易留下有色的斑点，影响核桃的观赏性。需要注意的是，文玩核桃在收藏保管时隔一段时间就需要拿出来清洗一下，一般夏天三五天左右，冬天一周左右，当然还要根据各自的卫生情况而定。如果买到的是老核桃，长时间没有经过良好的保养，这时就要先用温水浸泡5～10分钟，然后用硬毛刷轻轻地清理掉其上的阴皮、泥土等附着物，其后步骤与新核桃的清洗相同。

⊙ 青皮没有刷干净的核桃

其次是上油。上油好不好是"仁者见仁，智者见智"，一般来说，盘玩核桃时很忌讳上油；但是对于收藏文玩核桃的人来说，他们不可能把所有的核桃都拿出来盘玩，那些他们不经常把玩的就需要上油以保护核桃的表皮。尤其是在天气干燥的地方，更要注意上油，因为如果不上油的话，核桃很容易因干燥而开裂，而上一层橄榄油的话，可以解决很多问题，如防止干燥、隔绝灰尘、加深颜色等。此外，上油不能太频繁，以免核桃出现太多的黑斑。需要注意的是，核桃如何上油还要根据核桃的不同而有所变化，有的核桃表皮油性大，就可以不用上油，有的核桃表皮比较干，就需要上点油，核桃表皮油性大小因几方面而有所不同：

1.品种的不同。核桃的品种不同，核桃表皮的油性自然有所区别。

2.核桃树生长自然环境的不同。自然环境的不同，造成核桃表皮油性的不同；就算是同一品种，在不同的土壤、不同的自然条件下，产出的核桃表皮油性也有所不同。

3.核桃的成熟度不同。越成熟的核桃，其表皮油性越大，反之亦然。

再次是时常把玩。文玩核桃的保养和盘玩一般很难分开，有条件的话，最好隔段时间在手里把玩，因为人的手心会在盘玩的过程中分泌出汗液和油性物质，这是对核桃最好的保养，也是核桃增值最重要的方式。

最后是存放。文玩核桃的存放比较简单，把清理好的核桃放入盒子内密封好，还需要把包裹核桃仁的布放在其中（食用核桃仁的油性比较大）。放置的地方温差不要太大，否则容易开裂，尤其是新核桃上市大都在冬季，注意不能放置在有空调和暖气的屋子里。夏天时，核桃放久了容易生虫，需要放点防虫药剂。

新核桃的保养需要在以下几个方面多加注意。

新核桃刚下树的时候里面水分很大，怕风吹、怕空调吹、怕干

⊙ 裂开的核桃

燥，所以新核桃一定要离手装袋，不能随意摆放在桌子上或抽屉里，
在水汽没有干透的情况下，不管摆放在哪都会开裂。

新核桃下树后不要轻易用水泡、用水刷，这样很容易导致核桃开
裂，要在专业人士的指导下清理。

新核桃不要用油保养，新核桃上油会导致核桃变黑，严重的会导
致核桃出现油阴皮而无法补救，所以只需使用刷子干刷即可。

⊙ 有虫眼的核桃

⊙ 四座楼狮子头

优质核雕作品的标准

面对各种类型、各种题材的核雕产品，如何判断出核雕作品是否优秀，是核雕爱好者最为关心的问题。一般来说，核雕作品的优劣主要由原料、工艺、题材、意韵等方面决定。只有悟透了这几点，才能知晓一件核雕作品价值所在。

原料，自然是指核雕作品所采用的原材料。好的原材料，是优秀核雕作品的基础。所以一定要懂得如何判断原材料的优劣，还要了解原材料与成品的契合。一般来说，老核桃的价值高于新核桃，色泽纯正的核桃高于色泽杂乱的核桃。

⊙ 梅兰竹菊核雕

此外，还要综合以下两方面来判断其优劣：

1.核壁的厚度、纹理。核壁的厚度决定着核雕作品的层次感和立体感：核壁越厚，创作者在其上的施展空间越大；核壁越薄，越不易于创作施展。

2.核雕原料的颜色。核桃的颜色也决定着核雕作品的优劣：颜色越红润，创作成的作品越有价值，而颜色有缺陷的核桃，即便是技术再高，也难以掩盖其先天的劣势。

⊙ 招财进宝核雕

工艺，自然指的是核雕作品的精细程度。越是雕刻精细的核雕，其上所体现创作者的创作力和艺术性越高，价值自然也越高。当然，不能全看"工"的复杂精细，一件核雕由不同创作者雕刻，价值也不一样，有很多核雕大家，简单的线条布局反而能体现出核雕作品的灵动。所以说，越有艺术美感、整体线条布局越自然流畅的核桃，越具有收藏价值。

题材，核雕题材代表着创作者的想象力和创造力。一件核雕作品价值的高低，就要看题材是否具有恒久的魅力，是否新颖。

意韵，作为微雕艺术品的一种，意韵往往非常重要。一件优秀的核雕作品，都有着不可复制的意韵，有着独一无二的魅力。同其他艺术品一样，优秀的核雕作品，能给人以无与伦比的享受。尤其是同一题材时，有的作品看起来大气自然，有的看起来却呆板局促。

以上几点看起来简单，但实际操作时绝非易事，需要核雕爱好者不断学习、观摩，提高自己的鉴赏能力，多看看实物上手把玩，才能逐渐培养出自己较高的艺术审美水平。

⊙ 两岸猿声啼不住，轻舟已过万重山

核雕的收藏与保养

与文玩核桃一样，核雕作品更为精致，需要更加精细的保养。如果不注意保养，很容易出现各种损伤，以致核雕作品的价值大大降低甚至失去其应有的价值。这就需要我们知道核雕艺术品的保养方法。

第一，一定要注意开裂的问题。核雕作品经过严格的选料、设计环节后，剔除了很多原本容易开裂的部分。但是因其材质等原因，随着岁月的累积，核雕作品的细部仍然会出现开裂的可能，这就需要收藏者特别注意以下几种情况。

1.防晒。很多人都知道，核雕作品不能在太阳光或强光下直晒，这样会导致核雕开裂。在保养核雕时，一些人把核雕收藏在不见阳光的地方，这种刻意躲避阳光照射的行为，无疑让收藏者失去应有的收藏乐趣，也造成了核雕保养的一个误区：核雕不能见阳光。

其实，核雕长期不见阳光，颜色反而会逐渐发暗，甚至会造成呆滞无光的恶果。因此，保养核雕之时，还是要适当地在阳光下进行把玩，只有这样，才可以盘玩出颜色更加温润灵动、价值更高的核雕艺术品。

2.防水。核雕作品用水清洁时，因其内部水分蒸发慢，表层蒸发较快，可用干燥的棉签或干布将其内部仔细擦干净，防止因热胀冷缩而造成核雕开裂。

需要注意的是，防水不是说一定要把核雕放置于干燥的环境之中，而是把核雕放置在湿度合适的环境中。过干或过湿的地方，都会给核雕造成许多不利的影响。其实，只要质量良好的作品，正常的环境中一般不会造成核雕开裂。如果能巧妙地利用当地湿度环境把玩核雕，使核雕散发出一种独有的魅力，散发出不一样的光泽：如在南方湿度较大的地方，盘玩出来的核雕会呈现出温润、透露的光泽；而在北方相对干燥的地方，盘玩出来的核雕则呈现出沉檀木的光泽。

3.防风吹。风吹是导致核雕开裂的主要原因之一，特别是在干燥的北方地区，风更干燥，更容易使得核雕开裂。

4.不能放置在有空调和暖气的环境中。因为核雕如在类似这种比较干燥的地方保存，容易开裂；如在这种环境下保存，一定要配以加湿器。据了解，核雕存放环境的温度以5℃～27℃为佳，其他温度过高过低都不合适。

5.冬天时不能把核雕放在贴身的口袋里。因为人体温度与外界温

⊙ 祈福

度的温差较大，会使得核雕在温差较大的时候开裂；如放外罩口袋里，核雕则不容易开裂。

第二，上油时防花点。核雕在养护的过程中，不论在什么时候，上油都是一个必不可少的环节，上油是核雕作品保持光泽度最好的保证。与此同时，上油也在收藏者观念之中造成了很大的误区。核雕作品之所以开裂，最根本的原因是其油性的流失，所以为了更好地保养核雕就必须上油。上油也有很多讲究，不能多，不能少，多了会造成核雕表面出现花点，少了会导致核雕开裂，所以一定要注意适度原则。因为花点大多是后天形成的，一旦核雕作品出现花点，颜色不均匀，其价值和艺术性将会大大降低。

如果核雕出现了花点，不要担忧，只要及时清理，这就需要采取正确清理方法，基本上都可以解决：用软刷子蘸少量的橄榄油，把核雕整体刷一遍，再用没蘸油的刷子均匀地刷一遍，最后再用棉签把积油擦干净，经过一段时间的把玩后，花点会慢慢变淡，最后颜色与其他部分融为一体。

第三，防虫蛀。核雕在保存一段时间后，一定要及时拿出来清洗，最好在开始保存时，在保存的盒子内放些防虫药剂。

第四，防止跌落。和文玩核桃一样，核雕作品更加害怕跌落，因为核雕作品更加精致，尤其是类似核舟之类的核雕作品，一旦不小心摔掉一部分，将会大大影响收藏价值。

第五，要时常把玩。作为把玩品，核雕需要吸收人体排出的汗液和油性物质，以增加其色泽和亮度。随着长时间的把玩，核雕的颜色逐渐加深，包浆逐渐加厚，其价值也不断上扬。

第六，有些核雕作品不适合把玩或佩戴，如镂空雕、透雕的核舟作品，这类作品的保养要求更高，需要每月用软刷子上油，然后再把积油清理干净，放置于木质的底座之上，再用玻璃罩罩上，供人观赏。

只要掌握了以上几点，再加几分小心谨慎，核雕作品一定会在你的养护下成为人见人爱的精美艺术品。

⊙ 西游记

淘核桃应该注意哪些问题

对于核桃爱好者来说，如何淘到一对满意的核桃，是非常重要的。至于选择什么样的核桃，因人而异。有的人选择比较珍贵的核桃，有的人选择便宜的，有的人喜欢狮子头，有的人喜欢官帽，有的人喜欢公子帽，这都可以根据自己的实际情况来选择。

在淘核桃时，一定要注意以下几种情况。

1.文玩核桃一定要买贵的。和其他文玩艺术品一样，好核桃一定贵，但贵的不一定是好核桃。关键是如何淘到适合自己玩的文玩核桃，各类有关文玩核桃的书籍都介绍了什么样的核桃是真正的好核桃，如品种、尺寸、品相以及配对等，但是具体到实际操作中，却需要核桃爱好者根据自己的实际情况而有所变通。

在市场经济大潮下，文玩核桃市场乱象丛生，所以在选核桃的时候，不能因价格而论其品质的高低。很多商贩"看人下菜碟"，把普普通通的核桃标上高价卖给初玩核桃的朋友；而初玩核桃的朋友，只看过一些简单的文玩核桃的基础知识，便认为自己很懂行，往往会犯"眼高手低"的毛病，很容易看不上很便宜的核桃，认为自己要玩一些上档次的核桃。殊不知，不少商贩正是看中了这一点，才把一些不上档次的甚至作假的核桃卖给这些人。

2.文玩核桃一定要买稀有的品种。很多人听到别人在玩狮子头、虎头、官帽等品种的核桃后，觉得自己不买一对价值高的核桃就会让人瞧不起。其实不然，玩什么样的核桃，全看自己的喜好，有的人喜欢纹路特别的核桃，有的人喜欢玩楸子，只要配好对，盘玩出来一样漂亮。

3.买核桃一定要一步到位。有的朋友认为可以买一对核桃玩到老，笔者建议新接触文玩核桃的人选择价格比较便宜的，因为初玩核桃的朋友在盘核桃时候容易出现问题：一是盘玩的时候容易掉，由于不熟悉核桃的盘玩，很容易不小心脱手而掉落，如果是价格比较贵的核桃，万一因此摔坏损失较大，所以建议选择价格比较便宜的核桃；二是容易丢，因为没有养成保管核桃的习惯，在盘玩的时候没有耐心，在不把玩的时候，可能会随手放在一处，等想起来的时候可能已丢失。如果是比较珍贵的核桃，丢失了是非常可惜的，不仅损失了金钱，还损失了把玩核桃的乐趣。

一般盘玩过几对核桃后，一是盘功得到提升，二是可以在盘玩中发现自己的问题和不足，在盘玩的过程中锻炼成长，为此后盘玩更好的核桃打下良好的基础。

4.网购核桃是不可靠的。不可否认，网购确实会买到作假或以次充好的核桃，但是不能因噎废食，完全摒弃网购渠道。其实只要眼力好，知识储备够，不管是在文玩市场还是在网店，都可以买到品质不错的核桃。由于全国各地的文玩核桃市场发育程度不同，有的地方核桃种类特别多，品相好的核桃也特别多，而有的地方核桃种类则特别少。核桃爱好者想要及时购买一对文玩核桃，不仅需要付出一定的金钱，还要付出不少时间，而网购就轻而易举地解决了这个问题。你可以通过朋友选择一些可靠的网点，或通过专门的核桃论坛推荐的中介，也可以淘到不错的文玩核桃。

5.捡漏儿的心态不能有。一定要记住一句话，买的没有卖的精。经营文玩核桃的商家，一定比你懂得多，只要你懂得了这一点，就不会上当受骗。

⊙ 南将石狮子头

淘核雕应该注意哪些问题

核雕是集观赏价值、把玩价值及艺术价值于一体的艺术品，一件好的核雕作品，会随着时间的增长其价值也逐渐提高。

关注核雕市场的朋友都会发现，从2007年开始，核雕作品的价格一路攀升，受到藏家的热捧。在火爆的核雕市场中，如何才能淘到一件称心如意的艺术品呢，除了前面核桃需要注意的几个方面，核雕作品还需要注意以下几点。

首先，核雕的材质和题材。核雕作品的价值高低，材质是其最基础的原因，不管艺术家们如何设计、如何创新，都必须继续基于核雕的材质来做，否则就是缘木求鱼。此外，好的材质，作品成型后开裂的概率相对较小。在有了优秀的材质之后，一个好的设计题材能够极大地提升核雕的价值，如东坡夜游赤壁、十八罗汉、八仙过海等蕴含文化气息的题材，更是能增加核雕作品的意韵。

⊙ 雄狮

其次，选购名家的核雕作品。众所周知，不管是哪种艺术品，只要出于名家之手，它的价值都会有很大幅度的提升，核雕作品也不例外。当然，每个核雕大师所创作的作品也不全是精品，只有他们特别擅长的题材才是精品。明代王叔远创作的"东坡夜游赤壁"核舟一直备受尊崇，不仅因为这件作品雕工精致，设计绝伦，还在于王叔远创造了一个新的题材。

最后，注意核雕作品是机刻还是手刻。据了解，目前市场上可以看到手刻和机刻两种刻法。手刻核雕的价值要远远高于机刻核雕，因为手刻核雕蕴含着核雕艺人的心血创意和艺术功底。那么如何判断手刻和机刻呢？

1.从题材看，机刻作品的题材一般比较简单，如罗汉头、观音、十八罗汉等；比较复杂的题材如核舟、老子出关、苏州园林等，机刻不可能完成，只能采用手刻。

2.从雕工看，机刻作品雕工看起来比较呆板，乍看起来比较漂亮，细看起来很难体现出作品的艺术性，最大的特点是雕刻的细致程度不及手刻；手刻的雕工比较精致，刀痕比较明显，深浅不一，在作品拐角之处更加明显，尤其是在人物或动物的细部之处，更能体现出手刻作品的可贵。

3.从神韵看，手刻作品不仅呈现出创作者的功底，还能赋予作品以完美的艺术性和神韵。相比手刻作品来说，机刻作品则缺少艺术品应有的神采。因此，在选购核雕作品时，一定要多看多对比，多欣赏好的手刻作品。

鉴定手刻和机刻作品，需要一定的常识和经验。机刻作品，只能算是普通的工艺品，而手刻作品，则是具有高价值的艺术品。

只要注意以上几个方面，一定能淘到一件精美的核雕作品。

⊙童趣图

专家答疑

如何辨别核桃的成熟度?

核桃的成熟度又叫作核桃的成色,其中九成熟的核桃最好。文玩核桃一般在每年的白露节气前后就可以下树,也就是公历8月末、9月初的样子。越晚下树核桃的皮质成熟度越好,但是过于成熟会造成核桃仁太过饱满,在受潮时容易开裂,即使没有裂开,也会因所含油脂过于丰富而造成文玩核桃盘出来成色过深,进而影响文玩核桃的整体品质。过早下树会使核桃皮质过嫩,缺少分量感。因此要想盘出一对好核桃,挑选合适成熟度的核桃是很关键的。

一般我们会从触觉、视觉、听觉等方面来判断核桃是不是成熟下树。

拿到一对文玩核桃,首先要放到手里感触,感受文玩核桃的尺寸和分量。如果入手感觉轻飘飘的没有分量,一般都是没有成熟的,有可能是热天就摘下来了(也就是我们常说的六成熟),所以不要在9月份入手新的文玩核桃。

其次是观察,看核桃的油性大不大,成熟度好的核桃油性会大一些,好上色。通过观察核桃的皮色也可以判断核桃是不是成

⊙ 核桃果

⊙ 野生三棱狮子头

48毫米×48毫米×48毫米

熟下树，未熟透的核桃表面白绒毛较多（尤其是纹理深处），核桃发白，根部较松，容易漏脐儿，且核桃仁轻，容易出现较早晃仁，早期上色偏黄，不易变红。

再来就是听觉，把核桃拿到手里揉一揉，如果感觉文玩核桃的皮软，一般都是摘得比较早。打个比方，就像实心木头球和乒乓球揉在手里的区别。

通过以上几点，就可以判断出文玩核桃的成熟度，不至于买不到令自己称心的把玩物。

⊙ 南将石狮子头

关于文玩核桃的术语有哪些？

在文玩核桃文化上千年的传承中，核桃收藏者之间有许多关于文玩核桃的"术语"，它们简单明了地总结了核桃的各个特点，只要初次玩核桃的人懂得了这些，相信可以更快地融入文玩核桃的圈子。下面介绍以下有关文玩核桃的常用术语。

阴皮：又称青皮或黑记。由于核桃表皮碰撞之后，果汁进入了核桃表皮，在上面形成的一块黑。

闷尖：核桃尖的一种状态，就是核桃尖长在了里面。

油过：核桃被油泡过，有的核桃泡过以后颜色就变了，不能再玩出本身的颜色。

洗过：用双氧水或清洁剂洗过。

做：人为的加工。如上颜色、修尖、补裂。

做的：做的颜色。

白尖（黄尖）：因核桃太嫩就下树了，未成熟而产生白尖（黄尖）。

筋儿：指的是核桃的棱翼。

⊙ 清 老核桃

偏：指的是核桃长歪了。

熟：就是煮过或者炸过。

尖：核桃尖也有管叫"嘴"的。

底：核桃的底部叫底座，俗称"底儿"。

眼：核桃的底孔俗称，也有叫"脐"的。

漏脐儿：指核桃底部脐儿里面的蒂干缩掉

漏脐儿

空了，造成核桃下面是空洞，是不好的品相。

封底：就是用胶或者蜡烛油把核桃底部的脐儿封起来，目的是为了阻止漏脐儿和促进核桃变色。

黄皮：跟阴皮类似，也是皮色的一种缺陷，特点是在核桃表面的一些凸起忽然变成很浅的黄色，界线分明，而且随着盘玩时间的增长，核桃表面其他部分的皮都变红了，而黄皮却颜色不变，很不美观。

磨过底：有核商信奉"站得住的核桃才是好核桃"的原则，把一些核桃底部的凸起磨去，以便核桃站得起来。

抽了：每年的新核桃摘下来都需要一段时间来干，特别是近几年核商都赶早不赶晚，害怕好核桃被别人收走，就提前在9月甚至8月底

纹

尖

边

底座

就收核桃。这时核桃水分含量大，买回来后通常会在半年内缩小数毫米，且在此期间极容易裂开。

几个几：如三个七，即37毫米，是衡量核桃大小最通用的指标，算的是核桃摆正后两边棱的最宽距离。

窝底：指的是核桃底部是以脐儿为中心凹进去的，是很好的底座形式。

大边：也称厚边，指核桃棱翼的宽度和厚度，一般来说越大越宽越好。

纹：纹路、纹理。大纹、密纹、细纹等指核桃纹的粗细程度，好坏没有定论，因个人爱好而有所不同，但是纹路越深越好是共识。

手头：即指核桃的重量，在手中感觉越沉越好。但是新核桃因水分很大故显沉，买核桃不说买而说抓。

打手：指核桃的分量重，揉的过程中有撞手的感觉。

配：两只核桃组合成一对称之为"配"。

咯手：指品相极差的核桃，觉得用来揉很丢份儿。

品相：一对核桃的品质与相貌的综合概念。

四大名核：一般指狮子头、官帽、虎头、公子帽四种文玩核桃。

核雕：核（发"胡"的音）雕是指橄榄核雕刻的工艺品，极具观赏与盘玩的价值。

砂仁：核桃经过多年的盘玩，核桃仁粉碎成沙状，也称"沙化"。

老核桃：老核桃一般指已经盘出来了并有多年历史的核桃。至于多少年可列为老核桃，目前没有统一的认识。一般来说，将20年以上的列为老核桃较为合适。

底座儿：指核桃的下部，有的人称之为"屁股"甚至是"屁眼儿"，太不文雅。清朝时的北京人，是非常喜欢说吉祥话儿的。即使是现在，你要是说"屁股"或是"屁眼儿"，也是很外行的话。

什么是夹板核桃？

随着文玩核桃的盛行，夹板核桃逐渐粉墨登场。什么是夹板核桃，夹板核桃就是以规定的器物把未长成形的核桃固定，使之长成人们所需要的文玩核桃。夹板核桃为什么盛行，是因为夹板核桃的桩比较矮，而在文玩核桃市场中，矮桩的文玩核桃价格更高。

夹板技术是果树栽培技术中很普遍的一种，据了解，夹板技术应用于核桃始于河北涞水。夹板材料最常见的为雪花板，木板也是主要材料之一，但因为木板容易在自然条件下变形，且不能重复使用，此外，夹板材料还有很多种，主要有七合板、塑料板和铁板等。夹板的成本不高，多为几元钱一副。

文玩核桃上夹板的时间要根据各地的自然条件的不同而灵活掌握，一般在5月前后上夹板，此时核桃已长成形，需要夹板以限制其形状的自由改变，此外，还需要随着核桃的成长调节夹板的松紧程度，使核桃达到核农所需要的最理想形状。当然，上夹板的时间长短也需要核农根据经验自由掌握，否则时间过短没起到应该起到的作

⊙ 夹板核桃果

⊙ 夹板鸡心

用，时间长则容易造成核桃变成不规则形状，破坏核桃的美观程度。如果利用好夹板技术，原本宽40毫米的核桃在使用夹板后宽度可达到45毫米左右，这就达到了文玩核桃最佳尺寸，因此可以提高其价值。

据了解，夹板适用于各类核桃。有的玩家比较喜欢夹板核桃，有的玩家则比较排斥夹板核桃，这就属于个人喜好问题了。当然，核农上夹板的主要目的还是追求更高的经济价值，并不用考虑其他的因素。据了解，现今市场上的夹板核桃大行其道，核桃爱好者如果能够淘到自然的矮桩核桃是非常考验其眼力的。

随着人们生活水平的提高，越来越多的年轻人开始走进文玩核桃市场。需求的增加，也使得更多的核农开始使用夹板技术。为了能让核桃爱好者更好地收藏核桃，下面介绍夹板核桃的几个特征。

1.首先要了解自然形成的各种文玩核桃的尺寸和形状，了解文玩核桃高和矮的比例，只要了解了这些，相信可以很容易分辨出是否为夹板核桃。原本高桩的核桃如鸡心、虎头等文玩核桃突然变成了矮桩，而且矮得吓人，这个时候就需要大家注意了。

2.自然形成的文玩核桃形状比较自然圆润，尤其是在肩部转折之处比较圆滑，而夹板核桃多数从溜肩膀（顶部两侧）变成了端肩膀，转折十分明显。而且，夹板核桃的底部不是自然的平整，底部会出现比较僵硬的凸出特征。

3.自然形成的文玩核桃肩部纹路比较自然，由核桃肚到核桃尖，纹路逐渐变浅，而夹板核桃尖部的纹路则非常浅，和核桃肚上的纹路连接不自然。

赌青皮需要注意哪些方面？

近几年来，文玩收藏热不断升温，"文玩核桃"成为很多收藏家的掌中宝，价格不断地上升。随着文玩核桃文化的再次兴起，开始出现了一种新奇刺激的玩法"赌青皮"。

所谓青皮，就是刚下树还没有去皮的核桃。赌青皮，就是指在一堆刚摘下的青皮核桃中，挑两个尺寸、形状配对的，先交钱再剥皮。如果开出来的核桃尺寸大，形状好，纹路清晰，且能配成对，就可以卖个高价，否则就赔了。这种玩法赌的是运气，玩的是心跳。

说起赌青皮，其实有点像玉石行业的赌石，需要凭借卖家的经验和眼力，还要有相当的运气成分。运气好的话，自然可以一本万利，运气不好的话，则可能交上大笔的"学费"。

赌青皮是从2006年开始兴盛的。据了解，当时一枚普通的文玩核桃才几十块，品种好的也不过几百元。2009年以后，玩核桃的人多了，档次也变高了，文玩核桃的价格则年年上涨。直到2012年，一枚好的核桃要上千元，最好的文玩核桃甚至达到几十万元的高价。

每年9月，北京文玩市场中的一景就是"赌青皮"，尤其是在十里河和潘家园随处可见：一些小摊贩售卖核桃，每对从几十元到几百元再到几千元，生意很是红火。运气好的，一次就配成了。运气不好的，连花几千元都配不上。这种消费者直接从商家那里挑选青皮的玩法是赌青皮的

⊙ 赌青皮

玩法之一。更多的人是直接从商家手里买配好对的核桃。还有一种玩法是承包整棵树上的青皮，就是一树核桃，按数目给价钱。

"赌青皮"对于文玩核桃爱好者来说，一是可以捡漏儿，二是剥开核桃那一刹那的刺激感。因为核桃外面包着一层青皮，人们很难确知核桃本身的纹理、颜色、大小等，能不能赚，全靠运气。因此"赌青皮"有一定的风险性，它其实是自己跟自己赌，赌的是买家的眼力，眼力好的赚了，眼力差的就赔了，既有利可图，又暗藏风险。不过因为现在文玩核桃的价格太高，本着可以"捡漏儿"的心理，使这种"赌青皮"日渐风行，更是促进了这一行业的发展。

当然，赌青皮跟人们的心理有一定的关系，人们总希望用很小的代价得到自己想要的好核桃，这就需要大家注意以下几点。

首先，赌青皮的时候，一定要选择尺寸相当的青皮果，尺寸相差最好在2毫米以内。一般赌青皮的地方都有专用的卡尺，大家可以以卡尺来选择自己想要赌的青皮果。此外，还要注意青皮果的底部平不平，青皮果肚大小是否相似。只有选择了个头相当和形状相似的青皮果，赌成功的概率才会增大几分。

其次，选择青皮果的时候，一定要注意青皮果是否新鲜。有的青皮果从书上掉下来的时候摔坏了，会出些许的黑皮，这种青皮千万不

⊙ 赌青皮

要买。因为黑皮会直接影响文玩核桃的质量，黑皮是核桃阴皮形成的主要原因。

　　再次，有些核桃玩家会在网上买青皮，这时候，一定要注意核桃产地距离自己家的距离。一般来说，从核桃下树到玩家手中，少则三四天，多则一周，在运送过程中，青皮果会出现水分流失、烂皮等情况，这样核桃就可能出现阴皮，进而就会影响文玩核桃的质量。

　　最后，买到想要的青皮果后，在打开的时候一定要注意，因为青皮有一定的毒性，所以一定要注意防护，最好戴上皮手套，否则会使自己的皮肤被染黄。

⊙ 正在去皮的核桃
图片由骊珠文玩收藏提供

⊙ 削完皮的核桃正等待冲洗
图片由骊珠文玩收藏提供

⊙ 冲洗完的核桃
图片由骊珠文玩收藏提供

如何区分狮子头与虎头？

　　狮子头核桃和虎头核桃都属于文玩核桃中的四大品类，都是文玩核桃中的精品。

　　狮子头核桃因核桃的外形酷似古时衙门口的石狮子的头部而得名，在古代时就受到达官贵人的追捧和喜爱。狮子头外形圆润，它的重量、皮质以及纹路都特别好，经过长时间的把玩，狮子头核桃呈现出晶莹剔透的特质，成为文玩核桃中的珍品。据了解，现在人们能看

⊙ 野生老款狮子头正面

⊙ 麦穗纹虎头

到的最早的狮子头核桃距今约有四百年的历史，为清乾隆皇帝之物，现存于北京故宫博物院。虎头核桃因外形酷似老虎头而得名，其表面纹路素雅、分布均匀，纹路以网状为主，其特色是上色快，颜色多为深咖啡色。

一般人看来，狮子头核桃和虎头核桃相似度较高，很多人分不太清楚，而且也不容易鉴别。下面为大家介绍一下分辨狮子头核桃和虎头核桃的区别。

1.肚。一般来说，狮子头核桃的肚比较圆润、饱满，狮子头核桃从尖部往下过渡的地方比较圆润，坡度较小，整体看来比较像梯形，而且狮子头肚的宽度一般大于其高度；相对于狮子头核桃而言，虎头核桃的肚比较长，从其尖部往下过渡比较明显，坡度较大，其肚的宽度要小于高度。

2.边。狮子头外形饱满，其边一般较大，外鼓比较明显，也就是核桃的"耳朵"较大；虎头的边相对来说较小，而且其边从尖部往下弧度比较小，尤其是在边最宽的地方，基本上呈直上直下的直线，与水平基本上呈90度。

3.底座。整体上看，因狮子头外形比较圆润，所以其底座着地面积比较大，坐地比较稳；虎头核桃因外形比较长，其底座着地面积要小很多，尤其是老款虎头核桃的底座更小。但是，由于新品种的出现以及夹板核桃的大量出现，虎头核桃的底座也逐渐增大。因此，从某种程度上来讲，二者的底座区分已不太明显。

4.桩。狮子头一般是矮桩的，整体看起来比较饱满；虎头一般是高桩，整体看起来比较长、比较高。

综上所述，只要掌握以上几点，再加上平时多注意老款狮子头和虎头的外形、尺寸等要素，就能很好地分辨狮子头和虎头。还要注意一点，狮子头核桃的市场价格一般要比虎头核桃高一些。有些商家会利用这一点，把虎头核桃当成狮子头核桃来售卖，希望大家多注意，以免上当受骗。

狮子头与虎头的辨别一览表

比较项	狮子头	虎头
图片		
肚	肚圆、饱满，从尖部到底部的坡度不是很大，肚的宽度一般都能够超过边的宽度	肚较长，从尖部到底部的坡度比较大，相对来说比较溜，宽度上也较狮子头的比例要小
边	边一般来说都比较大，而且向外鼓	边较小，从尖的位置下来，比较直，弧度比较小
底	底较大而平	底内凹，不平
桩	一般为矮桩，比较圆，看起来饱满	一般为高桩，看起来比较高、比较长

核桃的阴皮和黄尖如何处理或修复？

阴皮是文玩核桃的一种缺陷，分为黑阴和红阴，是因为核桃在自然生长过程中，受到碰撞、虫蛀、摔打等原因而造成青皮果的损伤，青皮受破坏之后，其中的液体沾到核桃的木质部分，使得其发生变化、变色，有的变成红色，有的变成黑色。这都可能造成文玩核桃永久性的损害。红阴皮经过盘玩后比较容易发生转变，而黑阴皮则比较难发生转变。

黄尖也是文玩核桃的一种缺陷，黄尖是因为核桃未完全成熟而下树，核桃的尖部因为发育不完全而泛黄，而且经盘玩很难变红。

在选购文玩核桃时，一定要避开这两种缺陷。但是因为文玩核桃的盛行，核农在采摘核桃时总会发生或多或少的碰撞，成型的核桃多多少少总会出现某些损伤。如果买到这样有损伤的核桃，就需要通过以下几个步骤来处理和修复。

⊙ 带黄尖的核桃怎么盘也盘不红

首先，用软刷子把核桃清洗干净，用棉球把其纹路中的水擦干，放于手中盘玩。一般来说，新核桃比较容易上色，因为新核桃木质比较嫩，很容易接受汗液而变色。经过长时间的盘玩后，红阴皮会逐渐与核桃表面颜色融为一体。多年以后，核桃挂磁包浆后，基本上很难看出阴皮来。

其次，黄尖比较难处理。如果黄尖面积小，深度小，可以经过长时间的盘玩而改变。因为核桃黄尖相对其他部分比较嫩，长时间的盘完后，核桃尖部会发生磨损，而后逐渐消失。但是如果黄尖面积比较大，则不管如何盘玩都很难改变。有的玩家会用小刀刮去黄尖的部分，这里不建议大家这样做，因为这样很可能造成核桃品相更大的伤害。所以，在选购核桃时，一定不要选购带黄尖的核桃。

黄尖

⊙ 带黄尖的核桃

⊙ 阴皮核桃

文玩核桃色差是怎样形成的？该如何消除？

文玩核桃色差的形成有很多版本，有的人说是因为阳光照射的原因，其实这是商家的托词。因为文玩核桃在下树时还是青皮果，其外侧包裹着一层青皮，阳光照射的影响很小。那么，到底文玩核桃的色差是如何形成的呢？笔者认为有以下几点。

首先，文玩核桃的成熟度不同。因为核桃树各部分养分的不同，有的枝干长成的核桃会好一些，有的自然会差一些，而同时下树则肯定会有些核桃的成熟度不够，所以难免会造成一些色差。

其次，不是一棵树上的核桃。以前，老核桃树都只有数量极少的几棵，甚至只有仅存的一棵，所以色差不大。但因为嫁接技术的盛行，各品种的核桃有成百上千棵，而且分布地域不同，下树的时间也各不相同，这就形成一定的色差。

最后，脱皮清洗时间的区别。有的核桃刚下树就脱皮清洗，有的会隔上几天，这都会影响核桃的色差。同时，因为清洗程度的不同，有的清洗得比较认真，有的比较马虎，这也会影响核桃的色差。

一般来说，在选购文玩核桃时，一定要选择色差较小的核桃，那么如何消除其色差呢，有以下两种方法可供大家参考。

⊙ 清 狮子头

1.可以先盘玩颜色比较浅的核桃，待二者颜色一致时再一起盘玩，经过长时间的盘玩后，核桃的色差就会逐渐消失。

2.同时盘玩两只核桃，在休息时把颜色较浅的核桃用保鲜盒密封，然后在保鲜盒中滴几滴清水，以促进其颜色加深。或者可以不管核桃的色差，经过几年的盘玩，文玩核桃的色差肯定会消失。

⊙ 清 核桃

⊙ 清 雕花果纹核桃

好的文玩核桃应具备怎样的品相？

文玩核桃的品相，指的就是核桃的品质与外观。品相好的文玩核桃，皮要厚，底座大，桩要矮，其颜色温润，纹路细致，透出一定的灵性。

一对品相良好的文玩核桃，由很多方面组成，主要包括"六无七讲究"。"六无"指的是无缺损、无焦面、无凹陷、无空尾、无阴皮、无桃胶，"七讲究"指的是讲究核桃的纹、色、量、质、形、尖、尾（脐）七方面。

下面具体介绍一下"六无七讲究"。首先是六个"无"。

无缺损：核桃每个表面不能有任何的损伤，尤其是尖部和棱，一定要完整无缺，没有任何的碰撞。只有完好无损的核桃，经过盘玩后才能被称为艺术品。

无焦面：焦面指的是核桃的某一面颜色比较深，犹如烧焦了一样，它是由于核桃生长过程长时间受阳光直射而造成的，很难消除。很多玩家采取了各种各样的办法，如用陈醋浸泡，用双氧水脱色等方法，都很难消除焦面，所以好的文玩核桃不能有焦面。

⊙ 白狮子头

无凹陷：核桃在自然成长过程中，因为水分、养料等的不同而形成核桃先天的凹陷。这种凹陷是无法消除的，所以好的文玩核桃不能有凹陷。

无空尾：空尾是由于核桃生长过程营养和水分不足而造成的。空尾是文玩核桃的大忌，素有"尾空命不长"的说法。所以选购核桃时一定要注意。

无阴皮：阴皮是青皮核桃碰撞而形成的缺陷，选购时一定要注意。

无桃胶：核桃胶，也称之为树胶，是因为产地不同而产生的一种损伤，很难消除。所以选购核桃时，无桃胶是一个选择标准。

其次是七个"讲究"。

形：指的是核桃的形状，它是选择核桃的第一要素。人们大多喜欢圆形和椭圆形的核桃，因为这样的核桃便于盘玩。此外，核桃个头的大小也属于形的范畴，这需要根据玩家手掌的大小而论。

色：核桃的生长地区不同，自然条件也不同，所以颜色也会有所区别。市面上常见的核桃颜色为棕褐色、浅黄色、土黄色、浅黑色等颜色，各种颜色的核桃盘玩后的颜色差别很大。据了解，人们更喜欢棕褐色和浅黄色的文玩核桃，经过长时间的盘玩后会呈现出典雅的棕红色和深咖啡色。

量：即为核桃的重量。因为核桃要长时间地盘玩，所以重量是其重要的一个因素。太重的话，不利于盘玩携带，太轻的话则影响盘玩的效果。

质：指的是核桃的质地结构。文玩核桃的"质"影响着盘玩后的成色，其结构越致密，上色越快。那么如何判断核桃的"质"呢？在选购核桃时，可以把两只核桃在耳边轻轻碰撞，如果发出类似铜铁碰撞的声音，则说明其质地结构好。

纹：指的是核桃的纹路，它决定着核桃的价值，也影响着手疗时对手掌刺激作用的大小。因生长地区不同、品种不同，核桃的纹路差别也很大，大家可根据各自喜好来选择。

尖：核桃尖部犹如人的头部一样，决定着核桃的价值。好的文玩核桃，其尖部形状要与核桃棱条协调吻合，更要尖而不利，钝而有形，不能扭曲，更不能有白尖或黄尖等。

尾：指的是核桃的尾部，其在盘玩和观赏中有着重要的作用。好的文玩核桃，可以稳稳地置于掌中，一定要注意空尾问题的出现。

只要注意到以上几个方面，一定能选购到非常好的文玩核桃。好的文玩核桃经过把玩后，会呈现出温润的光泽、典雅的色彩，成为响当当的艺术收藏品。

⊙ 盘玩过的官帽

文玩核桃有哪些健身作用？

文玩核桃又称手疗核桃，有的地方又称之为健身核桃。其起源于汉朝，流行于唐宋时期，在明清时期达到鼎盛，形成独具特色的核桃文化。由于文玩核桃具有健身作用，因此还流传着一首民谣："核桃不离手，能活八十九。超过乾隆爷，阎王叫不走。"

随着人们生活水平的提高，文玩核桃逐渐进入大众视野。随着人们对自身健康的重视，盘玩文玩核桃成为一种非常好的健身手段。正所谓"怡养心灵指掌间，忘吾忘忧赛神仙"。此外，文玩核桃还有"掌珠"的美誉，更体现出珍贵的艺术价值。

如今，文玩核桃正在盛行，人们可随处看到文玩核桃的身影，在小区广场、公园里，可随处看到不少人手中把玩着核桃，不仅有很多老年人，也有一些年轻人。文玩核桃重量适宜，质感温润，它不同于其他品质的把玩物，可随时随地盘玩于手中。不管在哪个季节、哪个地区，把玩时都不会产生不舒服的感觉。

文玩核桃如此受欢迎，有很大一部分得益于其独有的健身功效。据科学证明，把玩文玩核桃可以延缓肌体衰老，对预防心血管疾病、中风有很大作用。尤其是在生活压力越来越大的今天，很多人忙于工作，难得有休息锻炼的时间，如果这时把玩着核桃，则更能起到舒筋活血、预防职业病的效果。正所谓"十指连心"，通过把玩核桃，可以刺激自己手掌中的穴位，从而调理到人体的各个部位，起到通筋脉、养脏腑、调虚实、定气血的功效。文玩核桃也因此被称为"世界上最便宜的医疗器械"。

既然文玩核桃有这么大的养生功效，下面为大家介绍一下把玩核桃的具体手法。

转：将文玩核桃至于手掌中，手指用力，使两只核桃在掌心顺时针和逆时针旋转，旋转时，两只核桃要相互摩擦，但不要激烈碰撞，以免造成核桃损伤。

搓：把两只核桃于掌中分为两部分，用无名指和小拇指固定住一只核桃，再用大拇指、食指和中指揉搓另一只核桃，使之在掌中来回滚动；几分钟后，把两只核桃交换，循环往复，千万不要让两只核桃碰撞，以免损伤。

如今，根据文玩核桃的健身功效，人们还总结出了一套核桃养生操，主要有以下几个步骤。

手戏双珠：先用左手揉搓两只核桃，逆时针旋转64次，然后再用左手揉搓两只核桃，顺时针旋转64次。以此循环，直至手掌微微泛红发热为佳。这样做可以疏通手部经络，促进手部的气血运行，有助于锻炼双手的关节，防止鼠标手和指关节炎症的产生。

指压双核：先用左手拿着两只核桃，以五指指腹和指尖按着核桃，有节奏地按64次，力度以手指有酸胀感为佳，然后以同法作于右手，循环往复。这样可以刺激手指的少商穴、商阳穴、中冲穴、关冲穴、少冲穴和少泽穴。少商穴位于大拇指，刺激少商穴，可以预防感冒发烧、扁桃体发炎、咽喉肿痛等症状；商阳穴位于食指，刺激商阳穴，可以延缓衰老，起到强筋壮阳的效果；中冲穴位于中指，刺激中冲穴可以起到预防心绞痛的功效；关冲穴位于无名指，刺激关冲穴可缓解心中烦

搓

手戏双珠

指压双核

躁、口舌生疮、尿黄等症；少泽穴位于小拇指，刺激少泽穴可缓解头痛、咽喉肿痛。

核转腧穴：腧穴，指的就是人体的穴位。可以用文玩核桃的尖部刺激腧穴，起到针灸的效果。以核尖刺激相应的穴位，连压64次，可起到相应的功效。用核尖刺激内关穴，可起到凝心安神、理气止痛的功效，有老年人尤其有效；刺激风池穴，对于头痛、眩晕、鼻子出血、中风、口眼歪斜、落枕有一定的功效。

腹部滚核：用文玩核桃在神阙穴（脐部）及其周围按摩，有助于人们更好地消化、吸收以及排泄，更能起到燃烧脂肪的作用。

核摩肾区：以文玩核桃按摩肾俞穴及周围，一般按摩5～10分钟，可以起到延缓衰老、温补肾阳的功效。尤其在腰酸背痛的时候，按摩肾俞穴能起到良好的效果。

核刮手经：人的手臂上有六条经脉，包括手阳明大肠经、手太阳小肠经、手少阳三焦经、手太阴肺经、手厥阴心包经与手少阴心经，前三为手三阳经，后三为手三阴经。用文玩核桃如刮痧般刺激六条经脉，可起到促进经络气血运行的功效，对心、肺、大肠和小肠等有良好的保养。此外，时常刮摩六条经脉，可以增加皮肤的弹性和活力。

人们还根据核桃手疗中常用的治疗点和穴位，总结出以下几条：
1.反复搓压拇指肚，对肝对胆都养护；2.食指肚上反复蹭，缓解便秘肠胃病；3.中指肚上反复扎，缓解头痛降血压；4.无名指肚反复压，清肺理气作用大；5.反复压扎小指肚，滋阴壮阳通尿路；6.双手握拳刺劳宫，强身健体护眼镜；7.双手用力滚手心，缓解早泄治尿频；8.核尖朝上扎中冲，防止胸闷和中风；9.压扎血海三阴交，更年期症逐渐消；10.滚动核桃压鱼际，不断提高免疫力；11.捏住核桃压指尖，五脏六腑报平安；12.核尖朝下扎少府，血液流畅防梗阻；13.中脘点上用力压，健胃健脾助消化；14.双手合十滚手掌，肝胆胰肾能保养；15.掌心朝外滚手背，强骨壮筋力充沛；16.经常压扎养老点，坚持不懈防花眼。

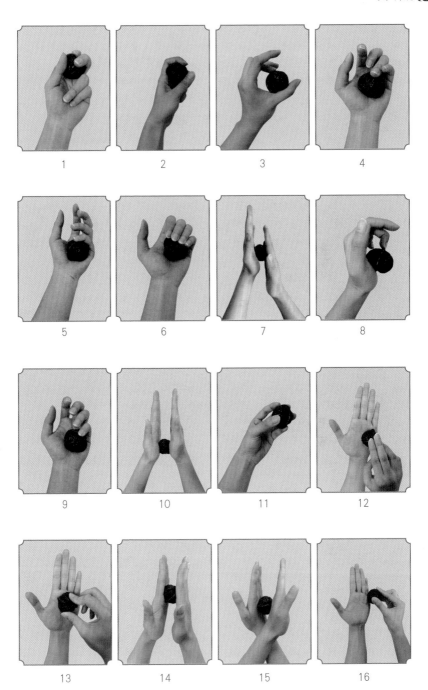

1

2

3

4

5

6

7

8

9

10

11

12

13

14

15

16

"从新手到行家"系列丛书 (修订版)

《翡翠鉴定与选购
从新手到行家》
定价：68.00元

《珍珠鉴定与选购
从新手到行家》
定价：68.00元

《手串鉴定与选购
从新手到行家》
定价：68.00元

《紫砂壶鉴定与选购
从新手到行家》
定价：68.00元

《南红玛瑙鉴定与选购
从新手到行家》
定价：68.00元

《文玩核桃鉴定与选购
从新手到行家》
定价：68.00元

《宝石鉴定与选购
从新手到行家》
定价：68.00元

《琥珀蜜蜡鉴定与选购
从新手到行家》
定价：68.00元

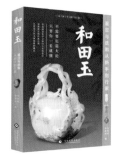

《和田玉鉴定与选购
从新手到行家》
定价：68.00元

内容简介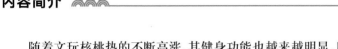

　　随着文玩核桃热的不断高涨，其健身功能也越来越明显，所以越来越多的人加入把玩收藏文玩核桃的队伍。面对市场上从几十元、几百元到成千上万元的形形色色的文玩核桃，初入门的收藏爱好者常常因不懂品种、不会辨别优劣、不会辨别真假、不懂选购和配对，而无从下手。因此，我们特地邀请"核桃表妹"为广大收藏爱好者写作本书，让您从零开始学习文玩核桃收藏。本书分为"基础入门""鉴定技巧""淘宝实战""专家答疑"四个章节内容。"基础入门"章节主要介绍文玩核桃的历史、文化、生长环境、地域分布、品种分类，以及核雕工艺和作品；"鉴定技巧"章节主要介绍文玩核桃的鉴定、造假，以及如何配对；"淘宝实战"章节主要介绍目前的文玩核桃市场情况，如何盘玩、收藏、保养文玩核桃和核雕作品；"专家答疑"章节收集了收藏爱好者最关注、最困惑的问题进行解答。全书内容由浅入深、循序渐进，让文玩收藏爱好者跟随着专家轻松进入文玩核桃收藏鉴赏的殿堂，并一步一步由新手练成行家。

作者简介

　　核桃表妹，文玩核桃鉴赏专家，北京电视台财经频道《理财》栏目专家组成员，中央电视台《一锤定音》节目、《赶山之核桃表妹》纪录片嘉宾，对文玩核桃的鉴定、购买、保养等都有很深的研究。经常接受来自全国各地报刊、电视台、网络等媒体专访。

陈红云

图书在版编目（CIP）数据

文玩核桃鉴定与选购从新手到行家／陈红云编著
．—北京：文化发展出版社有限公司，2015.11（2025.2重印）
ISBN 978-7-5142-1228-0

Ⅰ．①文… Ⅱ．①陈… Ⅲ．①核桃－鉴赏－中国②
核桃－购买－中国 Ⅳ．① G894-62

中国版本图书馆 CIP 数据核字（2015）第 211483 号

文玩核桃鉴定与选购从新手到行家

编　　著：陈红云
责任编辑：周　蕾
责任校对：岳智勇
责任印制：杨　骏
责任设计：侯　铮
排版设计：辰征·文化
图片提供：王天阳　周桂新　杰　作　若　水
　　　　　小火炉　辰　午　木　风

出版发行：文化发展出版社（北京市翠微路 2 号 邮编：100036）
网　　址：www.wenhuafazhan.com
经　　销：各地新华书店
印　　刷：北京博海升彩色印刷有限公司
开　　本：889mm×1194 mm　1/32
字　　数：150 千字
印　　张：6
版　　次：2015 年 11 月第 1 版
印　　次：2025 年 2 月第 8 次
定　　价：68.00 元
Ｉ Ｓ Ｂ Ｎ：978-7-5142-1228-0

◆ 如发现任何质量问题请与我社发行部联系。发行部电话：010-88275720